Western High Cuisine

고급서양조리

조용범 · 오영섭 · 이강춘 · 고기철 공저

백산출판사

Preface

　외식산업의 근대화와 더불어 소득수준은 2만 달러를 넘어 3만 달러 시대를 앞두고 있다. 생활과 지식수준이 선진국 대열에 있는 많은 사람들은 욕구충족단계가 자아실현과 여가선용의 충족시기에 이르렀고 경제성장의 고도화로 인한 사회구조의 조직화와 점진적 발달에 따라 일상생활의 패턴과 식생활 구조도 다양한 변화를 겪게 되었다.

　가정생활의 식생활문화는 주부들이 많은 시간과 정성을 들여 만든 갖가지 음식을 식탁에 올려놓고 가족 간에 대화를 나누며 식사하던 형태에서 독신가정이 증가하면서 예전의 많은 노력을 들여 만들어 먹던 어머니의 정성보다는 손쉽고 간편하게 이용 가능한 인스턴트식이나 주문식, 외식소비가 증가하고 편의점과 외식전문 레스토랑이 증가하게 되었으며, 유통과 외식산업의 발달로 일반인 식단의 소비형태도 편리성과 간편성을 추구하는 커다란 변화를 가져오게 되었다.

　급기야 성상기 청소년들의 영양 불균형과 육류, 알코올, 지방의 과다 섭취와 운동부족으로 인한 비만증이 보편적 현상을 넘어 이제는 초등학생들에게까지 확산되고 있음을 일반인들도 쉽게 확인할 수 있게 되었다. 따라서 인스턴트식이나 간편식을 섭취하도록 보고만 있을 것이 아니라, 현직 전문 조리사들이 앞장서서 새로운 메뉴를 많이 개발하고 상호 간의 지식을 공유함으로써 식생활 수준이 더욱 향상되고 기술의 발전을 거듭해 나가야 할 것이다.

　필자는 전문 조리사들이 산업현장에서 겪고 있는 여러 가지 어려운 점과 중요한 내용을 오랜 시간 일일이 메모 또는 기록하여 두었다가 메뉴개발과 기술력을 강화시키는 계기를 마련하고자 전문 조리사들이 사용할 수 있는 고급서양조리를 집필하기로 결정하였다.

전문 조리사라면 꼭 알아두어야 할 사항들을 이론과 실기로 나누어 요점 정리한 것을 기록하였는데, 조리사는 음식을 만들기 전 그 나라의 음식과 생활문화를 먼저 알고 전통과 문화의 틀을 깨트리지 않고 미래의 생활과 접목함으로써 조리를 예술적으로 표현하고 완성시켜야 할 것이며, 맛의 기호학을 통한 인지능력을 배양하고 서구인들의 취향에 따라 허브와 조리도구를 적절히 사용함으로써 전문 기술력을 향상시킬 수 있고 서구 유럽문화와 그들의 식습관 및 전통문화를 두루 섭렵하면 새로운 조리실무지식을 향상시키는 데 도움이 될 것이다. 이는 조리를 하기 전 먼저 자신의 직업관과 마음가짐을 반듯하게 한 후 감사한 마음으로 정성껏 만들어 숙련도를 높이고 전문가로 거듭나게 하는 거름이 되게 하고자 하였다.

이 책에서는 조리업무에 앞서 알아두어야 할 식생활문화와 맛의 인지능력 및 기호학, 업장별 메뉴의 특성과 허브의 이용, 유럽요리의 문화와 전통 등의 특징과 전문 조리인이 사용할 수 있는 실기를 많이 첨부하여 이해하기 쉽게 수록하였으나, 이론상의 오류나 부족한 점이 많으리라 생각한다. 이에 대해서는 앞으로 시간을 두고 선후배 제현들의 지도와 충고를 받아 지속적으로 수정·보완해 나갈 것을 다짐하며, 이 책이 조리를 전공하는 모든 이에게 다소라도 도움이 될 수 있다면 저자들에게는 큰 기쁨이 될 것이다.

끝으로 이 책이 발간되기까지 많은 격려와 조언을 아끼지 않으신 은사님과 선후배님 그리고 동료 여러분에게 진심으로 감사드리며, 출판을 맡아주시고 많은 협조를 해주신 백산출판사 사장님과 직원 여러분들의 노고에 진심으로 감사드립니다.

2015년 2월

저자 씀

Contents

PART **1**

이론편

PART 2

실기편

Appetizer

Soup

Pasta

Main Dish

Dessert

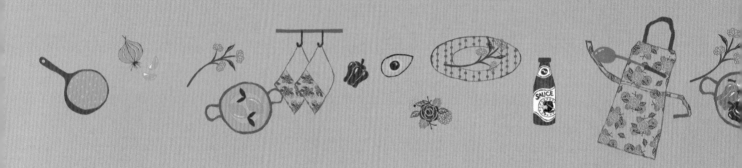

PART 1

이론편

식생활과 문화의 개요

1. 음식문화와 식생활

세계 각국의 문화 중에서 가장 접근하기 쉬울 뿐만 아니라, 누구나 깊은 관심을 가지고 있는 가장 기본적인 주제는 생활문화로서의 음식문화이다. 어느 나라이든 음식문화는 오랜 역사 속에서 그 나라의 사회, 경제 여건 속에서 지역적 관습과 자연조건의 제약을 받으면서 형성된다.

음식(food)은 사전적 의미로 먹고 마시는 것, 즉 인간이 성장하고 삶을 영위하기 위해
필요한 영양소를 섭취하는 것을, 문화(culture)는 학습되어진 경험으로서 정착화(socialization)과정을 통해 전승되는 것을 의미한다. 또한 음식문화는 식생활과 함께 어떤 지역에서 먹는 것에 관련하여 공통적으로 나타나는 행동양식과 행동의 대상이 되는 먹는 장소, 조리방법, 생

산, 사고방식까지도 포함하고, 식생활은 식품의 선택으로부터 식단 작성, 조리(방법), 식사횟수, 식사양식, 식사예절 등을 포함한다고 할 수 있다.

2. 서양의 음식문화

음식을 익히기 위하여 인류가 불을 사용한 시기는 기원전 약 3만 년이나 거슬러 올라 간다. 물론 이전에 인간은 날달걀, 물고기, 짐승의 고기나 다양한 나무열매 또는 버섯, 곡물을 먹고 살았다. 오늘날에도 동양의 여러 나라에서는 익히지 않은 물고기를 먹은 많은 증거가 나타나며 이것은 불이 발견되기 이전의 습관을 나타내는 것이기도 하다. 어떠한 식품공업이든 간에 깊이 알아보면 모두 나름대로의 유래가 있음을 알 수 있다. 역사가들에 따르면 불은 번개에 의하여 우연히 발견되었으며, 그 불은 산림을 태우고 그 불로 인하여 살아 있는 짐승이 구워졌음을 말한다. 즉 이와 같이 불이 발견된 후 고 기나 식물을 불에 익히면 세포가 파괴되어 먹기도 쉽고 소화도 쉬워지는 것을 알게 되 었다. 기원전 약 8천 년경에는 보리와 같은 씨앗을 뿌려서 가꾸는 방법을 배우게 되어 짐승사냥을 그만두고 농사를 짓게 되었다.

돼지고기가 중국인에 의해 훌륭한 요리로 알려지게 된 것은 약 4천 년 전으로 그 이전 에 돼지고기는 음식으로는 부적당한 것으로 여겨졌다. 어느 날 어린 소년이 나무와 짚 으로 만든 돼지우리가 사고로 불타버리고 말았다. 이 사고로 돼지우리에 있던 돼지는 화재로 인해 산 채로 구워졌으며, 불기가 아직 남아 있을 때 소년은 구워진 돼지에 우연 히 손가락을 대어본 다음 본능적으로 자신의 손가락을 입으로 가져갔고 입에 대어본 손

가락에서 맛있는 맛을 느꼈던 것이다. 그 후 각 지방에서 돼지우리에 불이 자주 난다는 소 문이 황제의 귀에 들어갔다. 황제는 즉시 그 원인을 조사해 본 결과 돼지고기가 진미라는 것을 알게 되었으며, 그 후 돼지고기는 중국 의 국가적인 음식이 되었다.

음식역사의 이야기 중에는 고대 로마인들

이 서기 약 100년경 처음으로 『요리방법』이라는 제목으로 발간했던 것으로 알려지고 있으며, 그리하여 요리책은 성경과 함께 다른 종류의 책보다 먼저 인쇄되었고, 제일 먼저 인쇄된 것은 서기 1475년 이탈리아에서였다. 마르코 폴로는 스파게티 외에 몇 가지 음식을 개발하였지만, 그 자신이 이 음식들을 격하시킨 것은 놀라운 일이다. 로마의 연회는 일주일에서 열흘씩이나 계속되었다. 그들은 식사를 계속하기 위하여 식사 후에는 새의 털로 목을 자극해서 먹은 음식을 토해 가면서 파티를 즐겼다는 웃지 못할 이야기도 전해지고 있다. 그 후 로마가 패망하자 요리기술은 침체에 빠졌었다. 또한 로마인들은 마늘을 지나칠 정도로 즐겨서 상원에서는 마늘을 먹은 후 사원에 들어가는 것을 법으로 금지하는 법안을 통과시키기도 했다.

초창기의 기본음식 중 하나는 포타주(Potage)라 부르는 걸쭉한 수프로 큰 그릇에 담아서 나무 스푼으로 먹는다. 우유와 치즈 또한 많이 먹었으며 물에는 불순물이 있음을 알고 물 대신 술을 많이 먹었다. 특히 포도주가 여러 나라에서 많이 사용되었다. 이 시대에 친구를 집으로 초대할 때에는 "빵을 뜨러 오라"고 했다. 왜냐하면 당시에는 나이프가 생기기 전이었으니 자연히 빵을 손으로 뜯을 수밖에 없었기 때문이다. 바다로 둘러싸인 나라에서는 물고기가 주식이 되기도 했다. 인간이 짐승을 잡고 가죽을 벗기는 데 사용한 칼은 식탁에서 고기를 잘게 잘라 입으로 가져가는 데 사용되었으며, 믿든 안 믿든 간에 그 칼은 그의 적을 죽이는 데에도 사용되었다. 일설에 의하면 헨리 왕은 그의 음식이 테이블에 날라지기를 기다리다가 바깥쪽을 향하고 있던 나이프에 손을 찔렸다는 이야기가 있다.

그 후 그는 모든 나이프는 칼날부분이 안쪽 즉 접시를 향하는 방향으로 놓음으로써 자신과 같이 흥분하기 쉬운 사람들이 다치지 않도록 명령했다고 한다. 이러한 습관은 현재에도 테이블 매너로 전해지고 있다.

포크 사용에 대해서는 서기 796년 영국인들이 부분적으로 사용하였지만, 이탈리아인들같이 전체적으로 사용된 것은 약 1100년경으로 알려지고 있다. 초기 포크의 사용은 음식을 손으로 먹었던 비위생적인 상황에서부터 발전되었던 것이다. 중국인들은 요리하기 전에 고기의 덩어리와 채소를 작은 조각으로 잘랐다. 그 이유는 손가락 대신 젓가락으로 먹

을 수 있게 하기 위해서였다.

'요리'라는 말을 한마디로 정의한다는 것은 불가능한 일이고 또 그렇게 할 필요도 없는 것이다. 왜냐하면 '요리' 즉 음식물이란 인간생존에 있어서 불가분의 관계이므로 근본적으로 살펴보면 동물의 식습관과 같지만 인간은 지혜로운 동물이므로 여러 형태의 요리법을 개발하고 발전시켰던 것이다. 또한 다양한 요리에 사용되는 실버웨어와 테이블웨어는 영국에서부터 발전되었다고 할 수 있다. 오늘날에도 인기 있는 많은 식탁용 기물의 모양은 영국제품에서 모방된 것들이다.

3. 식습관과 행동

인간은 문화와 삶의 방법을 영위하며 실제적이고 의미 있는 행동을 실천하며 생활하고 있다. 즉
① 전통적으로 이어져 온 고유의 문화 속에서 전승되고 계속되어 온 것
② 일상적인 환경의 영향 또는 요구로부터 형성된 것
③ 새로운 시대상황에 적응하며 사회적 요구와 전승되어진 삶이 혼합되어 형성된 역사적 산물을 받아들이며, 식습관은 우리들의 식생활 양식의 하나로서 식생활문화 형성과 변천을 나타내는 주요 요소로 이어져 오고 있다.

4. 음식문화의 다양성

전 세계 각 국가별로 아프리카, 서남아시아, 인도, 동남아시아, 호주, 중남미의 원주민들은 보편적으로 손으로 음식을 집어 먹고 있다. 나이프, 포크, 스푼이나 젓가락을 사용하는 문화권에서 보면 손으로 음식을 집어 먹는 것이 비위생적이고 예절이 없고 야만적으로 느껴지기 쉽다. 하지만 수식(手食)문화권의 나라들은 나름대로의 식사예절이 있으며 식사 전과 식사 후 손을 씻는 방법에는 위생적인 생활이 담겨 있는 것이다. 이와

같이 식사예절은 음식 섭취의 질서를 유지하기 위하여 음식문화권의 특성에 따라 다양한 형태를 보인다. 인간의 먹는 방법은 문화권에 따라 ① 수식문화 ② 수저문화 ③ 나이프, 포크와 스푼 문화의 세 가지로 나누어볼 수 있다.

✱ 식생활문화와 섭취방법

먹는 법	기능	특징	지역	인구
수식문화권 (手食文化圈)	음식을 섞다 음식을 집다 음식을 나르다	이슬람교권, 힌두교권 동남아시아에는 엄격한 수식 매너가 있음 인류 문화의 근원	동남아시아, 중동권, 아프리카, 오세아니아	40%
저식문화권 (箸食文化圈)	음식을 섞다 음식을 집다 음식을 나르다 음식을 자르다	중국문명 중 화식(火食)에서 발생 중국과 한국에서는 수저가 세트, 일본은 젓가락만 사용	한국, 일본, 중국, 대만, 베트남	30%
나이프, 포크와 스푼식 문화권	음식을 자르다 음식을 찌르다 국물을 뜨다 음식을 나르다	17세기 프랑스 궁정요리중에서 확립. 빵만은 손으로 먹음	유럽, 구소련, 북아메리카, 남아메리카	30%

출처: 김혜경 외 4인, 문화와 식생활, 효일문화사, 1998

5. 음식문화

전 세계에 흩어져 생활해 온 여러 민족이 제각기 발달시켜 온 음식의 종류와 조리법, 상차림법 및 식사예절 등은 각 민족의 역사적 · 문화적 소산들이다. 이와 같이 음식은 각 민족들의 문화를 특징지어주는 핵심이 되면서 그 나라의 문화를 이해할 수 있는 가장 중추적인 역할을 한다. 따라서 각 나라 문화의 심층적인 특징을 고찰하기 위해서는 그 나라의 음식문화를 이해하는 일이 우선되어야 할 것이다.

6. 식생활에 영향을 미치는 요인

1) 자연환경요인

우리 인류가 사는 자연환경은 초원이나 숲, 습지, 섬, 해변, 강가, 사막, 고원지대 등과 같이 자연과 환경이 조화를 이루고 있다. 지구상의 기후변화는 농경사회에 많은 영향을 미치고 식생활문화를 발달하게 하여 현재의 지역 간 식생활문화의 차이를 이해하는 데 기본이 되고 있다.

환경과 기후변화에 따른 일반적인 특성을 살펴보면 다음과 같다. 세계의 기후는 적도에서 고위도로 감에 따라 열대, 건조, 온대, 냉대, 한대 기후 순으로 분포하며, 해발고도에 따라 가장 높은 지역의 기후는 특별히 고산기후라고 한다. 위도상의 적도 부근에는 열대기후가 분포하며, 회귀선 부근의 대륙서안에는 건조기후가 나타난다. 냉대기후는 북반구에만 나타나며 극 주변에는 한대기후가 분포하고 있다.

2) 열대지방의 기후요인

위도상의 적도를 중심으로 분포하는 열대기후는 최한월 평균기온이 18℃ 이상이며, 비가 내리는 시기와 양에 따라서 열대우림기후, 사바나기후, 열대몬순기후로 구분된다. 열대지역은 식민지시대부터 백인들에 의해 플랜테이션이 행해져 왔다.

열대우림지역은 다양한 높이의 상록활엽수가 밀림을 이루고 있어 농사를 짓고 이들은 이동식 화전농사를 짓기 위해서 나무를 베고 불을 질러 잡초를 제거하고 비옥한 토지로 가꾸어왔다. 열대우림지역에서는 카카오, 기름야자, 바나나 등이 재배된다.

열대지방의 사바나 지역은 키 작은 나무가 드문드문 있고 키 큰 풀이 많이 있어 소와 같은 초식동물을 사육하기에 유리하며 커피, 사탕수수, 목화 등이 재배된다. 몬순 지역에서는 벼와 차 등이 재배된다.

3) 온대지방의 기후요인

온대기후는 사계절이 뚜렷하여 인간이 생활하기에 유리한 지역이다. 대륙 동부지역에 위치한 우리나라와 중국의 기후는 대륙 서부지역에 위치한 지중해 연안과 서부유럽의 기후와 다르다. 대륙 서안에는 연교차가 작고 연중 강수가 고른 서안 해양성 기후와 여름에 고온 건조하고 겨울에 온난 습윤한 지중해성 기후가 나타난다. 지중해 연안에서는 건조한 여름철에 포도, 올리브, 코르크나무 등을 재배하는 수목 농업을 하며, 습윤한 겨울철에는 밀과 채소를 재배한다. 연교차가 큰 대륙 동안은 계절풍의 영향으로 여름에 무덥고 강수량이 많아 벼농사가 활발하다.

4) 한대지방의 기후요인

냉대기후는 겨울철 기온이 −3℃ 이하로 몹시 추우나, 여름철에는 10℃를 넘으므로 연교차가 매우 크다. 냉대의 남부 지역에서는 여름철에 밀, 호밀, 귀리, 감자 등의 재배가 가능하다. 툰드라 지역에는 나무가 없으며 2~3개월의 짧은 여름에만 영구 동토층위의 지면이 녹는다. 따라서 농업이 불가능하여 순록 유목이나 어로 및 수렵생활을 해오고 있다.

세계에서 생산되는 주식을 광의의 의미로 살펴보면 크게 소, 돼지, 양, 닭고기 등의 동물성 식품과 밀, 쌀, 옥수수 또는 잡곡, 피, 수수, 감자, 고구마 등의 식물성 식품의 형태로 나눌 수 있는데, 어느 것을 선택하는지의 여부는 그 나라 국민의 기호의 문제가 아니고 자연환경 조건의 문제이다. 유목민들의 목축에 의해 육류를 주식으로 하는 유목민족과 식물성 음식의 섭취에 의한 농경민족 사이에는 자연환경과 섭취방법에 따라 민족성도 문화와 생활양식도 크게 다를 수밖에 없다.

유목민족에게 있어서 자연은 늘 정복의 대상이고 따라서 자연과 인간은 서로 대립상태를 이룰 수밖에 없다. 그러나 농경민족에게 있어서 자연은 결코 정복의 대상이 아니다. 그들에게 있어서 인간은 늘 자연의 섭리에 순응하고 자연으로부터 혜택을 받으며 살아가는 방식을 택하는 삶 그 자체에 적응하는 존재이다.

5) 경제환경요인

인류는 농업혁명을 통한 문명의 탄생(제1물결) 이후 산업혁명을 거쳐(제2물결), 제3의 물결을 의미하는 정보화 시대(information age) 혹은 제4의 물결을 의미하는 지식시대(intelligence age)로 나가고 있다. 이 여파로 지구상의 여러 나라들은 급속도로 국제화·세계화되어 가고 있으며, 이러한 현상은 의식주의 삶의 방식을 다각도로 변화시키는 것을 볼 수 있다. 생명공학기술의 급속한 발전으로 항공기, 고속철도, 고속버스 등 다양한 수송수단을 이용한 유통체계의 혁신이 일어났으며 다양한 정보매체를 통한 식생활문화와 관련한 정보가 급속히 전파되고 있으며, 이 여파로 인하여 식생활문화에도 적잖은 변화를 보이고 있다. 이는 음식의 보관방법이나 요리기구의 발달 등으로 음식의 소비형태가 다양화되고 있으며, 이러한 결과로 오늘날 우리가 음식을 먹으면서도 그 재료의 원산지가 어디인지 어디에서 유래한 것인지도 모르는 혼돈의 다중문화 속에서 살아가고 있다.

✽ 경제성장의 식생활문화 욕구단계

    제1단계: 생리 원초적 협력단계

    제2단계: 공동체적인 상호협조단계

    제3단계: 섭취하는 식품안정단계

    제4단계: 식생활을 즐기는 욕구충족단계

    제5단계: 미래지향적 건강지향성 단계

이상의 5단계로 구분된 경제성장에 따른 식생활과 사회문화의 변천은 뚜렷하게 단정짓거나 구분되기는 어려울 것이다. 소득수준이 같다고 하여 식생활문화의 변천 단계가 같은 것은 아니다. 또한 대체적으로 경제적 여건이 좋아진다고 해도 자기가 가지고 있는 식습관을 그대로 간직하려는 경향이 있다. 그러나 큰 변화의 흐름을 살펴보면 위의 5단계의 순으로 진화했다고 볼 수 있다.

6) 정치 및 사회환경

지구상의 식생활문화는 정치적 및 사회적 요인에 의해서도 크게 영향을 받는다. 즉 몽골이 유럽을 침공하여 몽골의 식습관과 식생활문화에 변화를 가져왔으며 알렉산더 대왕의 인도원정은 유럽 사람들에게 동양 향료를 사용하게 함으로써 그들의 식생활이 좀 더 변하게 하는 계기가 되었다. 또한 서유럽의 아프리카 지배, 유럽 사람들의 미대륙 지배는 아프리카와 미대륙의 식생활문화와 사회문화에 막대한 영향을 끼쳤다. 반면 한 지역의 식생활문화는 정치적 변혁이나 음식문화와 역사의 변화를 일으키는 중요한 요인으로 작용하기도 하였다.

7) 종교환경

지구상에 있는 각 나라의 식생활문화를 오랫동안 지배한 신앙과 토테미즘풍속은 지역 간 음식문화의 차이를 더욱 뚜렷하게 하는 매우 중요한 요인으로 작용하고 있다. 힌두교는 금기식품으로 모든 고기와 술, 특히 쇠고기를 금기시하고, 식생활 특징은 채식주의, 기(ghi, ghee)를 애용하며, 카스트(caste system) 순위가 높을수록 육식을 금지하고 있다. 불교는 동물성 고기는 금하며, 식생활 특징은 채식주의 식단으로 생활의 절제를 요구하고 있다. 이슬람교는 죽은 짐승의 고기와 피, 돼지고기, 목 졸려 죽은 고기를 금하여 종교적 신앙과 식생활문화는 지역과 자신이 숭배하는 신앙에 따라 다른 점이 많은 것을 알 수 있다.

7. 서양요리와 음식문화의 특징

1) 서양요리

서양요리란 아시아 여러 나라의 요리를 제외한 유럽과 미국에서 발달한 요리의 총칭이다.

이에 따라 각 국가별 서양음식과 문화, 식생활을 살펴보면 서양요리는 프랑스를 비롯하여 이탈리아, 스페인, 스위스, 그리스, 독일 등 라틴계열의 요리와 영국, 미국, 덴마크, 노르웨이, 스웨덴, 핀란드 등 북유럽의 앵글로색슨계 요리 등 수많은 나라의 요리를 편의적으로 표현하는 것이며, 나라마다 각기 내용을 달리하는 특징적인 식생활을 구축하고 있다.

서양요리라 해도 나라마다 그리고 지역에 따라 자연환경과 오랜 역사, 기후, 풍토 및 지리적 여건에 따른 민족의 차가 많은 영향을 미치기 때문에 지형적 여건과 생활온도는 요리문화에 고스란히 접목된다. 서양요리의 대표적인 요리는 프랑스 요리로서 조리법이 이론적 기초를 가지고 맛의 조화를 고려하여 만들어진 요리로 그 미묘한 맛이나 아름다운 모양은 프랑스의 풍부한 예술이라 하겠다.

2) 서양요리의 특성

서양요리의 일반적인 특징은 한국음식과는 달리 아침, 저녁메뉴로 구분되어 있고 식사를 할 때는 wine을 함께 마시며, 개인용 그릇, 스푼, 나이프 등이 음식에 따라 다르므로 위생적이며 식사예법은 동양과 다른 점이 많다.

조리의 식품재료로는 곡류와 육류가 많이 쓰이며 우유, 유제품, 유지가 많이 이용된다. 조미료로는 식품의 맛을 그대로 유지시킬 수 있도록 소금을 사용하고 또한 여러 가지 향신료와 주류를 사용하여 음식의 향미를 좋게 하며 재료와 조리법에 어울리는 많은 소스의 종류가 발달되었다.

서양요리는 비교적 재료, 즉 식품의 선택이 광범위하고 재료의 분량과 배합이 체계적이고 합리적이다. 오븐을 사용하는 조리가 발달하여 간접적인 조리방법으로 식품의 맛과 향미, 색상을 살려 조리하는 것도 독특하다. 특히 식사의 방법과 조리법에 있어서 다음과 같은 특징이 있다.

① 식품재료의 사용이 광범위하고 배합이 용이하며 식품조리에 따른 음식의 색, 맛의 변화, 담기 등이 합리적이다.

② 맛과 영양, 색의 조화를 이루기 위하여 독특한 소스를 많이 사용한다.

③ 조미료는 요리를 만든 후에 개인의 식성에 따라 조절할 수 있도록 mustard, A-1 sauce, hot sauce, tabasco, 소금, 후추, 버터 등이 제공된다.

3) 서양식 레스토랑 경영의 특징

서양요리 레스토랑의 경영전략은 무엇보다 그 나라의 문화적 특징을 잘 살려서 새로운 분위기를 주어야 하고 고객을 끌어낼 수 있는 매력을 가져야 한다. 그러기 위해서 외식업체는 그 장소의 분위기와 시설, 환경을 고객의 기호에 맞추어 시대적 변화에 빠르게 적응하여야 하고 메뉴의 전문성

과 판매가격이 적정해야 할 것이다. 오늘날 서양요리 고객은 더욱 세분화되고 있는 실정이다. 즉 음식기호 면에서 부유층, 특정인 또는 접대가 빈번한 고객은 고가의 장비 시설, 분위기, 환경을 갖추어 운영하는 곳을 찾고, 일반적인 샐러리맨, 학생, 평범한 가정의 구성원 등은 저렴한 대중적인 식음료 시설을 갖추어 운영하는 양식레스토랑이나 패밀리레스토랑 중의 한 곳을 선택하게 될 것이다. 그 밖에 특정 국가를 지칭한 나라 음식과 와인을 선호하는 매우 차원 높은 고객 등으로 세분화되고 있다. 따라서 서구식 레스토랑 경영인은 이에 깊은 관심을 두고 어떤 형태의 식당을 운영할 것인가에 대한 시장성을 조사하고 이에 대처해야 한다.

4) 서양요리의 품질

품질이란 단순히 기술적 품질만이 아닌 기존의 태도, 감정과 함께 가치, 심미, 과업적합성 등을 포함하기 때문에 한마디로 정의하기란 어렵다. 접근방법에 따라 품질을 정의해 보면 크게 4가지 방법으로 나눌 수 있다. 첫째, 절대적인 우수성(innate excellence)으로서의 품질, 둘째, 가치중심(value-based)의 품질, 셋째, 제품중심(product-based)의 품질, 넷째, 서비스 중심(service-based)의 품질과 같이 다양한 접근에서의 품질정의가 가능하지만 궁극적으로 사용자가 원하는 제품이나 서비스를 전달하기 위해 제품중심의 품질정의와 서비스 중심의 품질정의가 동시에 고려되어야 한다. 또한 더 나아가 가치중심의 접근도 포함되어야 한다.

이러한 품질이론은 Juran과 Deming 이후 많은 연구가 이루어졌으나, 서양요리의 품질과 관련한 연구의 대부분은 비교적 최근에 이루어져 왔다. 식품품질과 관련한 최근의 연구들을 살펴보면, 식품공업의 품질관리에 있어서 품질의 측정도구인 규제적 요소(양, 영양 및 위생)와 비규제적 요소(관능)를 식품의 품질 측정도구로서 비교하여 우월성을 주장하면서 관능적 요소의 품질을 측정하는 측정도구인 관능검사법(organoleptic test)과 기계적 측정법(instrumental test)의 타당성과 신뢰성에 대해 문제제기가 있었음을 지적하면서 기계적 측정법이 신뢰성과 타당성이 더욱 높으며, 서양요리 분야에서 보다 적합한 품질 측정방법에 연구의 초점을 두었다.

따라서 서양요리의 품질을 검토하는 배경은 서양요리의 품질평가와 고객가치, 고객만족 나아가 서양요리와 고객 충성도 간의 관련성을 규명하는 데 있다.

이러한 서양요리 품질개념의 세 가지 구성차원, 즉 요리의 양, 영양 및 위생, 관능적 요소의 품질을 동시에 측정해야 서양요리의 성과를 제대로 파악할 수 있다고 주장하고 있다.

조리는 일정한 방법이 정해진 것이 아니라 전문가들에 의한 오랜 연구와 경험에 의해 이상적인 방법에 도달한 것이 많으며, 또한 구전에 의한 방법을 그대로 전수받아 익힌 기술을 상품의 가치로 승화시켜 조리기술로 숙달된 것들이 많음을 알 수 있다.

경제성장과 식문화 전승기술의 발달로 조리형태와 방법에 많은 변화를 가져와 실무기술 향상은 물론 조리의 과학적 접근방법이 이론적으로 합리적·체계적으로 정립되어 가고 있다. 또한 전문적 기술을 가진 사람이 조리기구나 향신료를 이용하여 물리적·화학적인 방법으로 음식을 만드는 과정을 말하는데, 이는 미각·시각·영양학적으로 질적인 상품의 가치를 높이고자 하는 것이다.

요리는 시대의 흐름에 따라 많은 변화를 거듭하고 있다. 그러므로 식생활의 욕구충족을 위한 조리의 과학적 방법으로 표준량 목표정착을 위한 상품의 개발은 물론, 건강과 영양에 대한 관심이 상당히 고조되어 있음을 인식하여, 건강한 생활을 위한 건강식(heal-food)과 균형적 영양공급을 위한 영양식(nutrition-food)의 조리방법을 창의적으로 개발하고 다양하게 상품화할 수 있도록 지속적인 식단의 표준화와 폭넓은 기술개발이 끊임없이 연구되어야 할 것이다.

5) 조리의 목적

① 식품이 지닌 향과 성분을 그대로 유지하도록 한다.

② 서로 다른 식품과 조합하여 소화흡수를 돕는다.

③ 식품을 위생적으로 취급하여 안전하게 한다.

④ 식품에 열을 가하여 조직을 연하게 한다.

⑤ 시각적으로 보기 좋게, 미각적으로 맛있게 한다.

⑥ 과학적인 조리방법으로 영양공급의 효과를 높인다.

팀내에서 개인의 기본적 행위 3요소

① 능력변수 : 개인의 능력(신체적 · 정신적)

② 심리적 변수 : 개인의 지각(경험, 태도, 동기부여)

③ 환경적 변수 : 주변의 직무(직무의 성격, 관리시스템, 조직의 분위기, 가족, 사회,
  문화)

02

맛의 인지능력

1. 맛의 기호학 정의

맛의 기호학은 사회·문화적 차원과 미학적 차원에서 음식을 섭취하는 사람이 지각하게 되는 맛의 이미지와 맛을 느끼는 메커니즘에 대한 연구에 그 목적을 두고 있다. 그리고 맛의 이미지에 대한 연구는 인쇄매체와 식품광고, 영화 등 미디어 속에서 맛의 이미지를 창출하는 '푸드 스타일링', '테이블 데코레이션' 분야에 이론적 토대를 구축하는 데 공헌할 것이다.

맛의 기호학은 음식을 맛있게 만드는 것이 목적이 아니라 가장 먹음직스럽고 멋있게 보이는 것을 목적으로 다양한 스타일의 맛의 이미지를 창조하는 푸드스타일리스트에게 새로운 패러타임을 제공할 것이다. 다양한 스타일의 상차림을 통하여

식탁에서 맛의 이미지를 창조하는 테이블 데코레이션에도 새로운 방향을 제시해 줄 것이다.

2. 맛의 가치와 분류

1) 맛의 가치

우리가 일상적으로 섭취(攝取)하는 모든 식품은 각기 고유의 특유한 맛을 지니고 있다. 맛이나 냄새는 화학분자(化學分子)가 미각 및 미각신경표피(嗅覺神經表皮)에 작용하여 발생되는 전기적 신호를 뇌가 분석하여 인지하는 것이다. 맛을 내는 물질은 수용성(水溶性)이며 맛과 냄새는 분자 자체의 특성이라기보다 화학분자와 인간의 뇌 사이에 일어나는 고유한 상호작용(相互作用)으로 보아야 할 것이다.

식품의 맛은 색, 향과 함께 식품의 기호적 가치뿐만 아니라 식품의 품질을 결정하여 주는 중요한 요소가 되기도 한다. 또한 식품의 맛은 여러 종류의 정미성분(呈味成分)이 혼합된 종합적인 것으로 한 가지 맛으로 지미(智味)를 정확하게 평가하고 결정하는 것은 쉽지 않다.

이것은 시각적인 가치와 영양학적 맛의 가치, 인지적 맛의 가치 3요소로 분류할 수 있다. 시각적인 가치는 식품이 본래 가지고 있는 원형의 형태, 색, 향이 발산하는 맛의 가치를 말하고, 영양학적 맛의 가치는 식품의 영양기능과 식품의 생체조절기능에 대한 영양학과 생리학적 차원에서의 맛의 가치이며, 인지적 맛의 가치는 식품의 맛을 사회·문화적 차원에서 기억되고 학습된 맛의 가치를 말한다.

2) 맛의 분류

(1) 味覺(taste)

식품의 맛을 과학적으로 분류한 사람은 H. Henning(독일)이다.

우리가 느끼고 있는 식품의 맛은 동양과 서양 그리고 불교의 분류로 크게 나눌 수 있다. 서양에서 B. Wumdt는 6미로 나타내었고, H. Henning은 4미로 분류하였다.

4가지 기본적인 맛(단맛, 신맛, 짠맛, 쓴맛)과 제5의 맛(맛있다, Umami)인 MSG의 맛의 성질은 일본 Imperial University of Tokyo의 화학교수이며 아지노모토사의 창시자인 Kikunae Ikeda에 의해 1908년에 발견되었다. 그는 일본 사람들이 수세기에 걸쳐 음식의 맛을 내는 데 써온 김(seaweed)에서 이 조미성분을 추출하였으며 그것이 L−Glutamate 라는 것을 알아냈다. L−Glutamate가 기본의 맛들과 다른 맛을 내게 한다고 했다. 그는 이 제5의 맛을 맛있다는 뜻을 가진 일본말인 '우아미'를 따서 우마미(Umami)'라고 불렀다.

(2) 맛의 상호작용 관계

대비작용(taste of contrast)

음식물을 요리할 때 서로 다른 2종류의 맛을 혼합하여 한쪽의 맛이 다른 한쪽의 맛보다 증가하거나 다 같이 증가하는 현상이다. 화학조미료의 수용액에 소금을 넣으면 지미를 한층 느끼게 되는데, 이것은 지미와 염미의 대비효과 때문이다. 일반적으로 단맛과 짠맛, 단맛과 쓴맛, 단맛과 신맛은 맛의 대비효과로 작용되는 것이 많다. 또한 검은 설탕이 흰 설탕보다 단맛이 강하게 느껴지는 것은 검은 설탕 속의 불순물이 단맛성분을 더 강하게 하기 때문이다. 단팥죽을 끓일 때 달게 하여 소량의 소금을 넣으면 단맛이 더 강하게 느껴지는 것은 바로 대비작용 때문이다.

상승작용(synergistic effect)

음식을 조리할 때 같은 맛을 가진 정미물질을 혼합하면 그 맛의 강도가 실제의 계산치보다 더 증가되는 현상을 말한다. 설탕과 다른 감미료를 혼합하면 각각 단독일 때의 감미도보다 약 25% 상승한다.

억제작용(상쇄, compensation)

식품의 서로 다른 맛을 가진 2종 이상의 정미물질을 혼합했을 때 그 한쪽이 약해지거나 또는 양쪽이 다 약해지는 현상을 말한다. 커피에 설탕을 넣으면 고미(苦味)가 약해지고 짠맛에 초가 들어가면 융화된다. 식염의 정미물질을 혼합하였을 경우 그 농도에 따라서 성분의 단독 미가 느껴지거나 거의 무미로 되는 것이 있는데 이것을 상쇄현상이라고 한다.

신맛이 강한 과일에 설탕을 섞어주면 신맛이 억제되며, 된장·간장 중에 다량의 식염이 가해져도 음식의 맛이 잘 조화되는 것은 다른 맛으로 상쇄되기 때문이다.

정미물질은 다른 정미물질과 상호관계가 있으므로 조미할 때 이와 같은 현상을 고려해야 한다.

변조작용(modulation)

한 가지 맛을 본 직후에 다른 음식의 맛을 보았을 때 앞의 맛에 영향을 받아 후자 고유의 맛이 아닌 다른 맛을 느끼게 되는 현상을 말한다. 커피나 약을 먹은 직후 물이 달게 느껴지는 것은 변조작용 때문이다.

순응작용(adaptation)

음식을 조리할 때 지미를 만들기 위하여 염미, 감미 등을 오랫동안 계속해서 맛보면 맛에 대한 감각이 둔하게 되는 현상을 말한다. 색의 감각에 색맹이 있듯이 미각에도 미맹(味盲, taste blindness)이 있다. 쓴맛이나 떫은 맛을 느끼지 못하는 사람이 있는데 맛을 느끼지 못하는 사람을 미맹이라 한다.

3. 조리과학적 능력

조리는 식재료 특성에 따른 요소를 잘 살려 식재료 청구와 구매, 입고, 검수한 재료를 전처리하여 조리와 제공단계까지의 전 과정을 말하는데, 식품은 모든 재료가 지닌 색과 향, 질감, 영양소가 각기 다르므로 영양소 손실을 최소화하여 음식을 맛있고, 보기 좋고, 신선한 느낌을 줄 수 있는 완벽한 요리를 하는 것을 말한다. 따라서 영양적으로는 잘 짜여진 식단이라도 미흡한 지식과 기술로 조리하면 그 식품의 맛과 영양가는 무성의하게 될 것이다. 그러므로 조리에 있어서 영양상의 문제 못지않게 과학적 이론과 실무를 겸비한 조리의 과학화가 참으로 중요한 요인이다. 이러한 조리의 과학화를 위해서는 우선 각 식품의 화학적 성분뿐만 아니라 물리적·생물학적 특성을 잘 알아야 한다. 그 이유는 조리작업 시에 이런 요소들이 단독 혹은 상호 간에 작용하기 때문이다.

1) 식품의 일반적 구조

모든 식품은 살아 있는 조직이거나 그 자체 구조가 다르다. 모든 식품들은 색과 맛, 질감, 향이 다르다. 그러나 어떤 식품이나 세포라는 단위로 구성되어 있고, 그 세포의 생김새와 구성성분은 거의 같다. 한 식품의 조직을 잘라 현미경으로 관찰하면 조직의 모든 부분은 세포막으로 구분되어 있고 세포 내에는 작은 알갱이들이 수없이 존재하는 것을 볼 수 있다.

식품 내에서 작은 단위로 쪼개져서 다른 연속된 물질 중에 흩어져 있는 것을 산포물질(dispersed phase, 溶質)이라 하고 산포물질이 흩어져 있을 수 있는 연속된 물질을 산포매개체(dispersed medium, 溶媒)라고 한다. 그리고 산포물질이 산포매개체에 흩어져 있는 상태를 산포(dispersion), 즉 용액(溶液)이라 한다.

2) 수분

수분은 동물성 식품의 세포 내와 세포 간 물질의 주된 성분이다. 이 수분은 식품 내에서 산포매개체 또는 용매로써 작용하기도 하고 버터나 마가린 등의 유화식품에서 산포물질로 존재하기도 하며, 어떤 경우에는 미량성분으로서 특별한 역할을 하지 않는 경우도 있다.

(1) 액체상태의 물

물은 수소결합할 수 있는 능력이 있기 때문에 물만이 가진 유일한 성질이 있다. 물은 0℃에서 100℃까지는 액체이다. 물은 물분자운동의 자유로운 운동을 하고 있고 하나의 연속된 물질의 흐름에 따라 물이 흐르기도 하고 그릇에 담으면 힘들이지 않고 수소결합이 끊어져서 일정량이 그릇에 담겨지기도 한다. 물은 분자운동에 따라 상당한 양의 수소결합이 형성되기도 하고 끊어지기도 한다.

(2) 결정상태의 물

물이 4℃ 이하로 냉각되었을 때 물분자들은 더 정밀하게 수소결합에 의하여 결합하기 시작한다. 그러다가 4℃에서 0℃로 온도가 더 떨어지면 물의 수분은 증가하기 시작한다. 물이 0℃ 이하로 더 내려가면 물의 결정이 생기기 시작하고 얼음물이 얼음결정체로 변하면서 급격하게 부피가 증가한다.

3) 열의 전도

(1) 비열(比熱)

어떤 물질 1g의 온도를 1℃ 상승시키는 데 필요한 열량과 물 1g의 온도를 1℃ 상승시키는 데 드는 열량(1 kcal)을 비교한 수치를 그 물질의 비열이라고 한다.

(2) 잠열(潛熱)

고체가 액체로, 액체가 기체로 바뀔 때 온도의 상승을 나타내지 않고 다만 물질의 상태를 바꾸기 위하여 소비되는 열을 잠열이라고 한다. 여기에는 기화열과 융해열 등이 있으며 조리 시에는 물의 잠열을 이용하는 경우가 있다.

(3) 기화열(氣化熱)

액체가 기체로 바뀔 때 주위에서 흡수하는 열량을 기화열 또는 증발열이라고 한다. 물이 수증기로 되기 위해서는 1g당 540kcal의 열량이 필요하다. 그러므로 뚜껑 없이 끓이거나 찜을 하면 온도가 잘 상승하지 않으며, 더운 수프를 접시에 담아 놓으면 잘 식는다. 한편 일단 수증기로 된 물이 다시 물로 될 때는 기체가 될 때 들어간 540kcal의 열량을 방출한다.

(4) 융해열(融解熱)

1g의 고체를 액체로 변화시키는 데 필요한 열량을 융해열이라 한다. 얼음은 녹을 때 1g당 79kcal를 흡수하므로 식품을 냉각시킬 때에는 얼음의 융해열을 이용한다. 즉 얼음이 빨리 녹을수록 냉각은 빨라진다.

4) 비점(沸點)

액체가 끓기 시작하는 온도를 비점이라고 한다. 순수한 물은 1기압일 경우 100℃에서 끓지만 기압의 변화에 따라 비점은 이동한다. 즉 기압이 높아지면 비점도 올라가고 기압이 내려가면 비점도 내려간다. 그러므로 압력솥으로 식품을 찌면 기압이 높아져 비점이 상승되며 그만큼 온도도 높아져 빨리 익고 부드럽게 된다. 반면에 높은 산에서 밥을 지으면 밥이 잘 되지 않는 이유는 높은 산은 기압이 낮아 비점도 낮아져서 쌀이 잘 익지 않기 때문이다.

5) 빙점(氷點)

물이 얼기 시작할 때, 또는 얼음이 녹기 시작할 때의 온도를 빙점이라고 한다. 1기압일 경우의 빙점은 0℃이다. 물에 이물질이 녹아 있으면 빙점은 더 내려간다. 강물은 얼어도 바닷물은 얼지 않는 이유나 술이나 설탕물이 얼지 않는 것도 바로 빙점 때문이다. 얼음 3에 대해 식염 1정도의 비율로 혼합하면 빙점은 −20℃로 내려가는데 이처럼 빙점을 낮추기 위해 사용되는 혼합물을 한제(寒劑)라고 한다.

6) 점도(粘度)

유체(流體)의 끈끈한 성질을 점성이라 하고 점성의 정도를 점도라고 한다. 일반적으로 국의 점도는 낮은 데 반해 찌개의 점도는 높게 나타나므로 식품의 맛이 달라진다. 점도는 온도가 올라가면 점도가 낮아지고 온도가 낮아지면 점도는 높아진다.

4. 식품의 맛

1) 味覺(taste)

사람이 일상적으로 섭취하는 모든 식품은 각기 고유의 특유한 맛을 지닌다. 맛이나 냄새는 화학분자가 미각 및 후각신경 표피에 작용하여 발생되는 전기적 신호를 뇌가 분석하여 인지하는 것이다. 맛을 내는 물질은 수용성이며 맛과 냄새는 분자 자체의 특성이라기보다 화학분자와 인간의 뇌 사이에 일어나는 고유한 상호작용으로 보아야 할 것이다.

2) 4원미(元味)

식품의 맛은 아주 복잡하나 기본적으로 감(甘, sweet), 산(酸, sour), 고(苦, bitter), 염(鹽, salty)을 원미로 하는 정사면체설이 1916년 Henning에 의해 제창되었다.

(1) 단맛(甘味, sweet taste)

단맛을 느끼게 하는 화합물은 주로 유기화합물로서 자연계에 다수 존재하는데 대표적인 설탕 이외에 당류, 당알코올, 배당체, 일부 아미노산, 당밀, 벌꿀, 엿, 펙틴 및 단백질이 있고 합성 감미료에는 aspartame, saccharin 등이 있다. 당의 감미도는 같은 농도에서 과당이 가장 높으며, 설탕〉맥아당〉갈락토오스〉젖당의 순으로 되어 있다.

(2) 신맛(酸味, sour taste)

신맛은 대체로 향기를 동반하는 경우가 많으며, 물질 중에 있는 전해질이 수용액 중에서 전리되어 수소이온($H+$)을 가진 것을 말한다. 신맛성분에는 유기산과 무기산이 있으며, 신맛의 정도는 같은 pH라 할지라도 유기산은 무기산보다 신맛이 더 강하게 느껴진다. 음식물을 섭취할 때 느끼는 산미는 미각의 자극이나 식욕증진의 역할을 한다.

(3) 쓴맛(苦味, bitter taste)

쓴맛은 4원미 중의 하나로 식품에 쓴맛이 다량 함유되어 있을 경우에는 대단히 불쾌하게 느껴지지만 미량으로 존재하거나 희석된 쓴맛은 오히려 미뢰를 자극하고 긴장시켜 주므로 식품의 맛을 강화시켜 주는 작용을 하여 잘 받아들여질 때가 있다. 쓴맛은 몇 가지 유기화합물과 무기화합물이 갖는 성질로서 알칼로이드(Alkaloid), terpene 배당체, peptide, ketone류 및 무기염류 등이 있다.

(4) 짠맛(鹽味, salty taste)

짠맛은 음식의 간을 맞출 때 기본이 되는 맛이다. 짠맛을 내는 성분은 주로 무기화합물로서 음이온(anion)이고 짠맛을 내는 중요한 것은 염소이온($Cl-$)이다. 짠맛을 나타내는 대표적인 물질로는 식염($NaCl$)이 있고, KCl, NH_4Cl, $LiCl$, $MgCl_2$, NaI, $NaBr$ 등이 있다.

식염은 체액의 삼투압에 관여하며 생리적으로도 대단히 중요한 역할을 한다. 짠맛은 중성염의 전해질 물질에 의해 느껴지는 맛을 말한다. 염(鹽) 중에서 식염만이 가장 순수한 짠맛을 느끼게 하지만 짠맛이 가장 좋게 수용되는 식염의 농도는 약 1% 정도이다. 짠맛에 소량의 유기산(有機酸)이 첨가되면 짠맛은 더욱 강화된다.

(5) 맛난맛(旨味, palatable taste)

맛난맛(旨味)은 음식물을 섭취할 때 느끼는 감칠맛으로 불리는데 맛난맛은 시고, 달고, 짜고, 쓴맛의 4원미가 적당히 잘 어울려 조화될 때 느끼는 맛으로, 하나의 독립된 맛으로 정의되기는 어렵다. 지미는 일반적으로 설탕, 주석산, caffeine, 식염 등을 적당히 혼합하면 얻을 수 있다. 여러 종류의 맛이 식품의 성분조성과 정미성분의 상승작용 또는 완충작용 등이 복합 발현되어 감칠맛을 나타내며 대표적인 것으로 monosodium glutamate(MSG), inosinic acid, succinic acid, guanylic acid 등이 있다. 맛난맛을 지니는 물질에는 핵산계 물질, 유기산 등이 있으며, 다시마의 맛을 지니는 물질인 monosodium glutamate(MSG)는 특유의 맛난맛을 지닌다. 또한 고기 추출액, 된장, 간장, 젓갈류, 조개류, 해조류, 버섯, 죽순 등에서 느낄 수 있는 맛이다.

(6) 역치(threshold) : 인간이 느끼는 최저농도

음식을 만들기 위해 조미료인 설탕이나 소금을 첨가하면 역치 이하의 양념은 맛을 느끼지 않는다. 그러나 서로 다른 정미물질인 2종 이상의 조미료를 같이 사용했을 때 대비효과에 의해 역치 이하라도 효력을 나타낼 수 있다. 글루타민산 소다는 간장이나 식염을 가하면 역치가 커지고 정미성분이 감소한다. 이노신산 소다에 글루타민산 소다를 섞으면 역치가 매우 작아지며, 120배의 정미가 증강되어 상승작용을 나타낸다.

5. 음식의 소비유형

1) 미식가(유토피아적 가치)

맛을 구분하는 판별력이 탁월하며 미식을 예술의 경지로 격상시킨다.

2) 식도락가(유희적 가치)

맛을 구분하는 판별력을 겸비한 이들은 맛있는 음식 먹는 것을 도락으로 생각한다.

3) 폭식가(비평적 가치)

음식에 대한 식탐이 있으며 미각의 기쁨보다는 위의 공복감을 없애기 위한 식행동으로 매우 빠른 속도로 식사를 한다.

4) 대식가(실용적 가치)

아침부터 저녁까지 꾸준히 먹으며 식공간은 중요하지 않다.

5) 정념 푸드(passion food)

인간의 감정을 전달하는 '감정의 전도사' 역할을 하는 음식을 말한다. 심리학자 프로이트도 음식이 발산하는 미각의 기쁨이 삶의 중요한 에로스라 한다. 음식이 곧 치료(food therapy)인 것이다.

중요한 사업상의 미팅, 제품을 판매하기 위한 방편, 기부금 모집, 사랑 고백을 하기 위한 방법으로 만찬기법(dinner technique)을 이용하고 있다. 이는 좋은 음식과 연결시키면 어떠한 대상도 그에 대한 좋은 감정, 그리고 긍정적인 태도를 유발시킨다.

6. 기본조리방법

서양조리를 동양인이 다룬다는 것은 쉬운 일이 아니다. 그러나 기본기를 차근차근 준비한다면 손재주가 있는 세심한 동양인이 우수한 조리와 예술적 표현을 하는 데 더 유리할 것이다. 조리를 하는 데 있어 가장 기본이 되는 조리방법은 요리의 기초를 세우는데 있어 가장 중요한 바탕이 된다. 기본 조리방법은 식재료의 종류와 양에 따라 소요되는 시간과 열전도가 각각 다르며, 같은 식재료라 할지라도 조리방법과 시간에 따라 맛과 색, 영양가가 다르기 때문에 다음과 같은 기본 조리법은 매우 중요하다.

① 삶기(Boiling : Bouillir)
물이나 stock에 식재료를 넣고 끓이는 방법이다. 재료에 따라 다음과 같이 여러 가지 방법으로 나눈다.

- 감자, 뼈, 건조한 채소 등은 찬물에 뚜껑을 덮고 끓인다. 이유는 물을 흡수하여 표면상의 물의 경도나 질감을 막고 골고루 조리하는 데 있다.
- 맑은 stock, 고기, 젤리 등은 찬물이나 stock에 뚜껑 없이 빨리 끓인다. 이유는 비등점 이하에서 조리하므로 딱딱해짐을 방지하는 데 있다.
- 스파게티, 마카로니 등은 끓는 물에 뚜껑 없이 빨리 끓인다. 이유는 껍질이 전분화되어 서로 붙지 않게 하기 위해서이다.
- 채소는 끓는 물에 뚜껑을 덮고 빨리 끓인다. 이유는 비타민, 무기질, 색깔 등을 유지시키기 위해서이다.

② 데치기(Blanching : Blanchir)

물 또는 기름과 식재료를 10 : 1의 비율로 끓는 물에 짧게 조리하는 방법과 찬물에 서서히 끓여 짧게 조리하는 방법이 있다. 전자는 채소와 감자를 조리할 때 기공을 닫아주어 색과 영양을 보존하기 위해서이다. 후자는 뼈나 작게 토막낸 고기, 절인 고기, 햄 등을 조리할 때 표면의 불순물 제거와 피 등을 빼내고 강한 맛을 덜하게 하기 위해서이다.

③ 포칭(Poaching : Poacher)

달걀이나 생선 등을 비등점 이하에서 물이나 stock에 끓이는 방법이다. 포칭의 중요한 점은 80℃를 넘지 않게 함으로써 단백질 유실이 일어나지 않게 하고 건조하고 딱딱함을 방지하며, 천천히 조리하는 것이다.

④ 증기 찌기(Steaming : Cuire a Vapeur)

증기를 사용하여 조리하는 방법으로 채소류를 조리할 때 많이 사용한다. 압력을 주며 하는 방법과 압력을 주지 않고 하는 방법이 있다. 이 방법은 물에 조리하는 것보다 풍미나 영양적으로 좋다.

⑤ 튀기기(Deep Fat Frying : Frire)

기름에 음식물을 튀겨내는 방법이다. 튀김 온도는 172~185℃가 좋다. 기름을 조리하지 않을 때에는 93℃ 정도로 맞추어 놓았다가 조리할 때 온도를 높인다. 기름에 비하여 식품의 양을 한꺼번에 많이 넣지 않도록 주의해야 한다. 이유는 온도가 급속히 내려가서 식품에 기름이 많이 흡수되기 때문이다.

⑥ 순간 볶음(Sauteing : Sauter)

프라이팬에 소량의 기름을 넣고 160~240℃에서 살짝 볶아내는 방법이다. pan frying 이나 shallow frying이라고도 부른다. 잘게 썬 고기류나 채소 등은 팬을 자주 돌리면서 조리해야 하며, steak, cutlets, fish 등은 팬을 흔들지 않고 색깔이 날 수 있도록 조리해야 한다.

⑦ 석쇠구이(Broiling)

석쇠 위에 고기류를 얹어 직접 구워내는 방법으로, 아래로 내리는 열을 이용하여 굽는 under heat방법과 salamander구이법이 있고, 열을 위로 하여 굽는 over heat방법과 토스트를 구울 때처럼 between heat 방법이 있다.

⑧ 철판구이(Griller : Grilling)

grilling은 넓은 철판을 이용하여 육류나 생선, 가금류, 전유어 등을 가열된 금속의 표면에 구워내는 간접구이 방법이다.

⑨ 그라탱(Gratin : Gratiner)

요리할 때 음식을 전처리하여 볼(bowl)이나 팬에 담고 그 위에 butter, cheese, eggs, sauce 등을 섞은 후 위에 빵가루를 뿌린 다음 salamander나 oven에 넣고 열을 가하여 브라운 컬러를 내는 요리방법이다.

⑩ 오븐구이(Baking : Curie au Four)

오븐에서 건조열로 굽는 방법으로 bread, tart, pie, cake 등을 오븐에 넣어 구워내는데 주로 제과용으로 많이 사용된다. beef, potato, ham 등의 육류나 채소를 오븐구이할 때 많이 이용하는 방법이다.

⑪ 로스팅(Roasting : Rotir)

육류나 가금류, 생선, 채소 등을 통째로 구워내는 방법인데, 하나로 된 큰 고기를 모양이 흐트러지지 않도록 실로 묶어 채소와 향신료를 뿌리고 오븐에서 구워내는 방법이다. 로스팅은 요리할 때 뚜껑을 덮지 않고 구워내도록 하며, 처음에는 높은 온도 (210~250℃)를 이용하여 색이 나면 150~200℃에서 요리를 마무리한다.

⑫ 브레이징(Braising : Braiser)

뚜껑을 덮어 오븐에서 적은 양의 고기를 구우면서 즙을 끼얹어주거나, 낮은 냄비에 고기나 채소를 넣고 볶으면서 즙을 뿌리는 요리방법으로, 고기를 연하게 하기 위하여 낮은 온도의 열을 이용하는 조리방법이다.

⑬ 글레이징(Glazing : Glascer)

당근이나 호박, 채소 등을 요리할 때 설탕이나 버터, 고기즙, jellatin 등을 이용하여 음식을 코팅하여 윤기가 나게 하는 방법이다.

⑭ 푸알레(Poeler : Poelage)

고기를 오븐에서 구울 때 온도를 조절해 가며 많은 양의 버터 속에서 조리하는 방법이다.

⑮ 스튜(Stewing : Etuver)

육류나 가금류 등을 기름에 Saute한 다음 냄비에 담고 소스나 스톡을 부어 걸쭉하게 요리하는 방법이다.

⑯ 전자레인지(Micro Wave)

초단파 전자 오븐으로 전자파를 이용한 고열로 단시간에 요리하거나, 냉동제품을 해동할 때 사용하는 요리법이다.

⑰ 진공포장요리(Vacuum Cooking)

완성된 요리를 진공포장해서 원하는 시간에 데워주고, 균의 오염을 막아주며, 영양손실을 적게 하기 위해 포장된 식품을 그대로 poaching이나 boilling하는 방법이다.

⑱ 훈연법(Smoking)

육류나 생선 등의 비린내를 제거하고 특유의 향을 내기 위하여 쇠고기나 연어를 손질하여 소금에 절인 후 연기를 쐬게 하는 조리방법이다.

⑲ 절임법(Pickling)

오이, 양파, 마늘 등의 채소류를 장기간 보존하고 맛있게 섭취하기 위해서 채소를 깨끗이 손질한 다음 소금, 설탕, 식초, 향신료 등을 넣어 절이는 방법이다.

⑳ 시머링(Simmering)

포칭과 삶기의 혼합 조리방법으로 95~98℃ 정도에서 끓이는 방법이다.

*(신라호텔, 롯데호텔 조리기본 및 업무 manual 연수교재)

1) 조리실 내에서 준수할 수칙 체크 리스트

① 조리에 임하기 전에 손톱은 짧게 깎고 손은 깨끗하게 씻는다.

② 조리시작 전 손을 씻은 후 종이 수건이나 타월에 닦는다.

③ 조리하는 동안 손수건을 항상 휴대하고 필요시에 사용한다.

④ 유니폼은 항상 청결하고 깨끗하게 착용한다.

⑤ 사용하는 재료를 적절하게 준비하고 있으며 자주 공급받음으로써 시간을 낭비하지 않는다.

⑥ 작업대를 항상 청결하게 하고 도구와 종이수건, 도마와 도마받침을 준비한다.

⑦ 조리하는 동안 최소한의 필요한 기물만을 사용하여 세척에 시간과 경비를 낭비하지 않도록 한다.

⑧ 조리하는 음식에 맞는 대부분의 기구와 기물은 스스로 정리한다.

⑨ 음식을 맛볼 때는 항상 깨끗한 음식물 조리도구를 사용한다. 사용했던 스푼을 다시 음식물을 맛보기 위해 사용하면 절대 안된다.

⑩ 기름기 또는 음식찌꺼기를 제거하기 위해서 사용할 수 있는 깨끗한 종이나 치즈거름 천 또는 솔 등을 사용한다.

⑪ 뜨거운 조리기구를 옮길 때 마른 수건을 사용한다. 젖은 수건을 사용하면 열전도율이 높아 손에 화상을 입을 수 있다.

⑫ 사용한 접시와 깨끗한 접시를 분리 보관해서 청결상태를 유지한다.

⑬ 조리작업 시 물이나 기름 등을 쏟았을 때 즉시 깨끗이 닦아 위험을 제거한다.

⑭ 조리 중에는 가급적 잡담을 피하고 목소리를 낮추어서 이야기한다.

2) 기본조리방법의 분류

음식물을 조리한다는 cooking이라는 말은 열을 가해서 음식물을 먹기 쉽고 소화하기 쉽게 만드는 것을 말한다. 열을 가해서 음식물을 조리하는 방법에는 여러 가지가 있지만, 조리방법 중에서 크게 두 가지로 나눌 수 있다.

첫째, 건열 조리방법으로 broil, roast, saute, pan-fry, deep-fat fry 등이 있으며, 이러한 조리의 특징은 수분 없이 뜨거운 열로만 조리한다는 것이고 조리가 진행되는 동안 당분의 변화로 갈색을 나타낸다.

둘째, 습열 조리방법은 braise 또는 stew 방법으로 조리하기 전에 건열 조리방법으로 표면에 살짝 갈색을 내서 한다. 또한 poach, boil, simmer 등의 조리방법이 있는데, 위의 건열 조리방법과는 달리 스톡이나 소스에 넣어서 조리하기 때문에 당분의 변화가 일어나지 않으므로 기본적으로 자연적인 색깔이 된다.

건열 조리방법과 습열 조리방법

건열 조리방법 중에서 열로만 익히는 조리법으로는 baking과 smoking이 있고, fat 즉 기름을 이용해서 익히는 방법으로는 frying, saute, pan-fry 등이 있으며, 건열과 fat을 함께 이용한 조리법으로는 roasting, broiling, grilling이 있다.

습열 조리방법으로는 simmering, boiling, steaming, poaching 등의 조리방법이 있고, fat과 수열을 함께 이용하는 조리방법은 frying, saute, pan-fry 등으로 크게 나눌 수 있다.

03

서양요리의 업장별 메뉴

메뉴작성요령

레스토랑에서는 음식을 준비하는 리스트를 작성하는 방법이 있다. 메뉴를 작성하는 요령은 어떠한 크기로 만들 것인가, 몇 장으로 구성할 것인가, 메뉴종류는 몇 가지 제공할 것인가 등을 하나하나 주의 깊게 살펴서 작성해야 함은 물론, 메뉴 작성 시 음식의 순서 등을 고려해서 순서에 맞는 배열을 해야 한다. 메뉴는 고객을 위해 선택을 빠르게 할 수 있도록 유도하고, 고객은 메뉴를 받으면 첫 장부터 마지막 장까지 위에서 아래로 살펴보기 때문에 첫 장부터 마지막 장까지 전체의 양을 정한 다음 전채요리부터 후식까지 철자가 틀리지 않도록 하고 깨끗한 이미지를 가질 수 있도록 배열해야 한다. 즉 appetizer, soups, entrees, 그리고 desserts를 배열하고 salads, sandwiches, beverages, childrens menu와 diet menu를 작성하는 것도 잊지 말아야 한다.

고려해야 할 것이 너무 많은 양의 품목을 사용하지 말아야 한다. 작성하는 순서는 전채와 수프를 위쪽에 배열하고 가운데는 주요리를, 마지막으로 아래쪽에는 후식을 배열한다.

일반적으로 정찬을 할 수 있는 레스토랑은 2장 또는 3장의 메뉴를 만들어서 사용하므로 품목의 다양화와 고급화를 꾀할 수 있다. 이러한 경우도 메뉴를 배열하는 방법은 한 장짜리 메뉴의 배열과 같다. 즉 메뉴를 왼쪽으로 넘기게 하고 첫 장과 마지막 장은 표지로 사용함으로써 레스토랑의 이름과 상징적인 장식을 사용하고, 첫 페이지부터 appetizers, salads, soups, fishes, meat, desserts, beverage 등을 장별로 적당한 간격을 유지하며 배열한다. beverage는 별지로 작성해서 제공하기도 한다.

서비스종사원은 전채요리, 수프, 샐러드, 주요리 또는 후식에 대하여 많이 알고 고객에게 응대해야 하며, 레스토랑의 특징에 따라 "스페셜메뉴가 있으므로 첫째, 그곳의 시설과 잘 어울리는 특별한 품목을 정할 수 있어야 하고, 둘째, 스페셜메뉴는 고객에게도 특별한 것이 되어야겠지만, 업소 자체로도 이윤의 폭이 커야 한다." 그러므로 서비스종사원은 가장 잘 팔리는 품목을 인지하고 있어야 하고, 판매가 잘 되지 않는 품목을 선택해서 잘 팔릴 수 있도록 해야 하며, 이윤이 많은 품목을 많이 판매하는 데 목표를 두어야 한다.

그러므로 메뉴를 계획할 때부터 어떠한 품목을 '스페셜' 품목으로 할 것인지를 정해야한다. 계절적으로 가능한 품목은 별도의 '스페셜메뉴'를 만든다. 예를 들면 봄철의 '딸기 프로모션' 여름철의 '복숭아 프로모션' 등 계절의 과일을 이용하여 만들 수 있다.

1. 조식(Breakfast)

호텔이나 레스토랑에서는 조찬메뉴로 아라카르트(a la carte menu)와 정찬메뉴(table d'hôte menu)를 기본메뉴로 제공하고 있다. 조찬메뉴 중 고객이 선택할 수 있는 단품메뉴와 세트(set)메뉴를 시간과 가격, 양과 질적 기준에 따라 고객의 기호에 맞게 준비해야하는데, 그에 따르는 메뉴도 고객이 빨리 선택할 수 있도록 기준을 제시하여야 한다. 또한 조찬메뉴를 일반메뉴와 함께한다면 점심 또는 저녁메뉴가 너무 복잡해서 손님이 음식을 선택할 때 혼란을 가중시키는 경우가 있다. 그러므로 가장 좋은 결론은 일반메뉴와 조찬메뉴를 분리해야 하고, 함께 사용할 경우 제일 앞장이나 뒷장에 사용하는 것이다.

일반적인 조찬메뉴의 작성과 제공은 아래와 같다.

① fruits and juices(milk, tomato, pineapple, orange)

② cereals(a: dry cereals b: Hot cereals)

③ toast, rolls, French or cinnamon toast

④ side orders(bacon, ham, sausage, cheese, mini steak etc.)

⑤ pan cakes, waffles

⑥ eggs choice(boiled, fried, scramble)

⑦ egg combinations or specials

⑧ many kinds of omelettes

⑨ children menu

⑩ beverages

위의 조찬메뉴를 잘 배열하고 글자의 크기도 잘 맞게 해서 고객으로 하여금 선택하는 데 어려움이 없도록 한다. 대부분의 고객은 레스토랑에 조찬하러 올 때 10시간 내지 12시간을 먹지 않은 상태이다. 그러므로 고객을 위하여 당신이 준비하는 음식은 손님의 기분을 좋게 하도록 적절한 방법을 행해야 한다.

달걀요리는 고객이 원하는 대로 반드시 신속하게 제공해야 하며, 모든 음식은 더운 접시에 제공하는 것이 기본이다. 조식은 고객의 하루 일과를 시작하는 기분을 좌우한다.

2. 달걀요리(Egg Cooking)

노른자가 연해야 하는 반숙달걀은 약간의 소금과 식초를 첨가한 물에서 서서히 익히거나 수란용 그릇에 담아 익히게 되는데 두 가지 방법 모두 소금과 식초를 첨가한다. 이 두 가지 방법은 화학작용을 일으켜 달걀 흰자는 빨리 익고 노른자는 연한 상태로 있게 된다. 반숙한 달걀은 토스트 또는 잉글리시 머핀에 놓아서 서비스할 수 있다. 토스트 또는 머핀에 집게와 햄 썬 것을 놓고 그 위에 반숙을 놓고 홀랜다이즈 소스를 덮어서 샐러맨더에 그라탱하면 '에그 베네딕트'가 된다.

달걀요리의 중요한 요소

① 달걀이 입고되면 실온에 보관하지 말고 즉시 영상 5℃ 내외의 냉장고에 보관한다.

② 냉장고에 보관 시 뾰족한 끝을 아래로 두고 구입 시의 케이스 그대로 보관한다.

③ 달걀은 단단한 껍질로 싸여 있지만 호흡을 하므로 생선, 과일, 김치, 채소 등과 분리해서 보관해야 좋은 품질을 유지할 수 있다.

④ 선입선출 방법을 철저히 지켜야 한다.

1) Scrambled Egg

깨끗하고 껍질이 깨지지 않은 것을 사용하며, 조리하기 전에 손을 깨끗하게 씻고 사용할 장비나 도구는 위생적으로 깨끗한 것을 사용한다. 사용하다 남은 달걀과 새것을 혼합하지 말아야 좋은 위생상태를 유지할 수 있는 것이다. 필요한 양을 담을 수 있는 적당한 기물을 사용하며, 조리하는 동안 1시간 이상을 실온에 보관되지 않도록 주의한다. 스크램블드 에그조리법은 달걀껍질을 깨고 크림 또는 밀크와 혼합한다. 프라이팬에 익히는데 지나치게 익히지 말고 계속해서 나무주걱 또는 젓가락으로 휘저으면서 흐르는 물기가 보이지 않고 부드러워질 때까지 익힌다. 훈제 연어 썬 것을 섞어주면 salmon scrambled가 된다.

2) Boiled Egg

Boiled Egg는 끓는 물에 익히고 시계나 타이머를 사용하여 고객이 원하는 정확한 시간을 지켜야 한다. 주문시간대로 삶아졌으면 즉시 끓는 물에서 꺼내어 찬물에 식힌다. 만약 샐러드용으로 삶으려면 달걀을 미지근한 물에서 시작하여 10분 정도 끓인 후 불에서 내려놓아 삶은 물 속에서 약 5분간 내버려둔 후 끄집어내어 찬물에 식혀서 사용하면 노른자 주변의 흑변현상을 방지할 수 있다.

3) Fried Egg

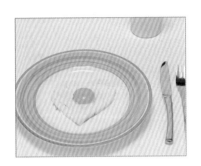

Fried Egg는 고객의 주문에 맞게 정확하게 요리해야 한다. 잘 길들여진 프라이팬이나 테플론 팬을 사용한다.

- sunny side up : 노른자가 위로 향하게 한쪽만 익히는 방법
- over light : 달걀을 뒤집어 흰자를 살짝 익히는 방법
- over easy : 양쪽 면을 다 같이 흰자만 익히는 방법
- over medium : 양쪽 면을 다 같이 노른자 중간까지 익히는 방법
- over welldon : 양쪽 면을 다 같이 노른자까지 완전히 익히는 방법
- over hard : 노른자를 터뜨려 바짝 익히는 방법

4) Omelettes

오믈렛은 스크램블드 에그와 같이 달걀을 깬 다음 혼합하여 곁들여지는 재료에 따라 ham cheese omelette, mushroom omelette, 아무것도 첨가하지 않는 것을 plain omelette이라고 하며 모양은 양쪽 끝이 뾰족하게 럭비공같이 만들어서 다양하게 제공한다. 주의할 점은 지나치게 익히지 말아야 하며 너무 많이 익히면 딱딱해진다는 것이다.

5) Bacon, Sausage, Ham

베이컨을 구울 때 베이컨을 sheet pan에 지방이 위로 향하게 차례대로 놓은 다음 오븐에서 굽는다. 어느 정도 익었으면 함께 달라붙는 것을 방지하기 위해 분리시키고 필요하다면 아래와 위를 한번 뒤집어서 굽는다. 다 구워졌으면 기름을 따라내고 기름종이나 깨끗한 천을 깔고 나머지 기름을 제거하도록 놓는다. 대부분의 link sausage or breakfast sausage는 완전히 익을 때까지 조심해서 익혀야 하며 익히는 과정에 프라이팬이나 번철에서 까맣게 탄 찌꺼기가 붙지 않도록 주의한다. 햄을 사용할 때는 너무 많이 익히지 않도록 해야 한다. 햄은 이미 익혀져 있기 때문에 살짝 굽던지, 아니면 파인애플주스를 첨가하여 뜨겁게 하면 된다. 소량의 재료로 그때그때 즉시 구워서 사용해야 맛있게 만들 수 있다.

6) Breakfast Cereals

시리얼은 거의 완제품의 상태로 구입되기 때문에 특별히 조리를 필요로 하지 않는다. 우유와 같이 제공하고, 오트밀과 같이 끓이는 경우도 조리하기가 아주 쉽다. oat meal, cream of wheat 등과 같은 hot cereals과 corn flakes와 같은 cold cereals로 나눌 수 있으며, cold cereals은 여러 가지 과일과 곁들여 먹으면 부족한 영양소를 보충할 수 있다.

7) Pan Cake and Waffle Cake

팬케이크와 와플케이크는 둘 다 훌륭한 조식용 케이크로 메이플 시럽이나 콘 시럽을 곁들여서 제공한다. 팬케이크를 구울 때는 두꺼운 번철에 정제한 버터를 바른 다음 깨끗한 타월로 기름을 모두 닦아내야 한다. 만약 기름이 남아 있으면 팬케이크의 표면

이 고운 갈색이 나지 않고 곰보가 되는 경우가 있다. 와플케이크는 팬케이크 반죽과 비슷하지만, 맥주를 사용하므로 구운 후 바삭바삭한 것이 특징이며 시럽과 함께 Whipped Butter를 곁들이면 맛있는 요리가 된다.

8) Breakfast Buffet

브렉퍼스트 뷔페는 단체고객이나 숙박고객을 위하여 제공되는 식사로 다양한 프레시 주스와 과일 콩포트, 갓 구워낸 소시지 또는 베이컨 팬케이크와 바삭바삭한 와플케이크와 시럽이나, 벌꿀 보일드 에그나 프라이드 에그 또는 다양한 스크램블드 에그, 오믈렛, 우유, 요구르트, 여러 가지 시리얼이나 채소 등과 갓 구워낸 맛있는 대니시 페이스트리나 따끈따끈한 토스트와 함께 제공하면 훌륭한 조찬뷔페가 될 수 있다.

9) Children Menu

성인메뉴와 함께 어린이의 메뉴를 준비해 두면 고객 입장에서는 적절한 가격을 지불하고 어린이의 음식을 제공받을 수 있고, 레스토랑의 입장에서도 더욱 친절한 서비스를 제공할 수 있으므로 좋다. 어린이메뉴는 무엇보다 중요한 것이 어린이들이 선호하는 음식을 선정하여 적당한 양과 가격을 정하는 것이다. 어린이메뉴는 작성할 때 메뉴를 너무 고급스럽고 크며 비싼 재질로 만들 필요는 없지만, 일반메뉴와는 구별되도록 따로 작성해서 어린이들이 좋아하는 그림이나 모양으로 장식해서 어린이의 시선을 끌 수 있도록 배려하는 것이 중요하다.

3. 정식메뉴(Table D'hôte Menu : 타블 도트 메뉴)

숙박을 제공하는 시설과 함께 탄생했다고 볼 수 있는 것으로 영업적 측면을 고려하여 숙박에 식사를 곁들여 제공하는 풀 팡숑(full pension : full board)에서 정식(table d'hote : 타블 도트)이 유래되었다고 볼 수 있다.

정식 차림표는 한 끼 식사로 구성되며 미각, 영양, 분량의 균형을 참작하여야 하고 요금도 한 끼 식사 분량으로 표시되어 있으므로 고객은 그 차림표와 가격을 용이하게 이행하게 되는 이점이 있다. 또한 정식메뉴는 지리적 여건과 계절에 따라 출하되는 재료 구입에 한계가 있으므로 고객의 기대, 호기심을 의식하여 고객이 재방문할 수 있도록 작성하여야 한다.

정식메뉴는 또한 아침, 점심, 저녁, 연회 등을 막론하고 언제든지 사용할 수 있으나 그 구성되는 코스는 오늘날 세계적으로 다음과 같이 제공되는 것이 보통이다.

- Luncheon·····························3~4 courses
- Dinner·····························4~5 courses
- Supper·····························2~3 courses
- Banquet·····························5~6 courses

이 중에서 가장 표준적인 차림표라고 할 수 있는 연회(banquet)에 나오는 요리의 순서는 일반적으로 다음과 같다.

① 전채(appetizer : hors d'oeuvre : 오르되브르)
② 수프(soup : potage : 포타주)
③ 생선(fish : poisson : 푸아송)
④ 주요리 및 채소(main dish & salad : entrée et salad : 앙트레와 샐러드)
⑤ 후식(dessert)
⑥ 식후음료(demi tasse boisson : beverage)

정식의 요금은 일품요리의 요금보다 약간 싸게 책정하는 것이 보통이지만 연회는 주문자가 원하는 파티의 경우 오히려 더 비싸게 요금이 정해지기도 한다.

1) 일품요리(一品料理, A La Carte Menu : 아라카르트)

일품요리의 차림표를 가리켜 표준차림표(Standard Menu)라고도 일컬을 만큼 식당에서 제공되는 모든 요리의 품목은 가격과 함께 전부 표시하게 된다.

기호요리 차림표로써 정식처럼 여러 가지 순서를 조립한 것이라면 반드시 좋아하는 요리를 먹을 수 있다고 기대되는 경우도 있겠으나, 좋아하지 않는 다른 요리가 포함되는 경우에는 그 대금까지 지불하지 않으면 안되는 불편이 있으므로 기호요리를 자기에게 맞는 분량만 주문할 수 있도록 고안된 것이다.

일품요리 메뉴는 식당에 있어서 주가 되는 차림표로서 그 구성은 가장 정통적인 정식(classical formal dinner) 식사의 순서에 따라 각 순서마다 몇 가지씩 요리품목을 명시하는 것으로 다음과 같은 종류로 구성된다.

① 찬 전채(cold appetizer : hors d'oeuvre froid : 오르되브르 후로와)

② 수프(soup : potage : 포타주)

③ 온(溫) 전채(warm appetizer : hors d'oeuvre chaud : 오르되브르 쇼오)

④ 생선(Fish : poisson : 푸아송)

⑤ 주요리(main dish〈big piece〉 : releve : 를르베)〈grande piece

⑥ 더운 앙트레(warm entrée : 앙트레) : entrée chaud : 앙트레 쇼오

⑦ 찬 앙트레(cold entrée : 앙트레) : eatée froid : 앙트레 후로와

⑧ 가금류 요리(roast : rotis : 로티)

⑨ 더운 채소요리(garniture〈boiled vegetable〉 : legume : 레귬)

• 채소(salad : salad : 샐러드)

• 더운 후식(warm dessert : entremets de douceur chaud : 앙트르메 드 두쐬르 쇼오)

• 찬 후식 및 아이스크림(cold dessert & ice cream : entremets de douceur)

• 생과일 및 조림과일(fresh fruit or stewed fruit : fruit ou)

• compote : 후루뜨 우 콩포트

• 치즈(cheese : fromage : 후로마쥐)

• 식후음료(beverage : boisson : 부와쏭)

이 메뉴는 한번 작성되면 단기간 내에 다시 변경 작성되는 일은 거의 없고 연중 계속 사용되는 차림표(all-year-round menu)로써 간혹 변하는 경우라도 계절에 따른 일부분

이라든지 혹은 1년에 한번 바뀔 정도이다.

이러한 메뉴의 고정은 조리사나 구매부서에 있어서는 재료구입이나 계획, 요리준비나 조리 등 매일 같은 일을 반복하게 되므로 업무의 단순화 또는 능숙화라는 이점이 있으나 강력한 메뉴의 개발이 없는 이상 고객에게 보다 나은 요리나 기술을 제공할 수 없다는 단점이 있다.

또 메뉴가 고정되어 있으므로 계절에 따른 재료값의 변화로 일정한 이익보장이 될 수 없는 점은 항상 이 메뉴의 문제로 남아 있다. 또 많은 메뉴의 종류와 질적 향상을 유지하는 지속적인 연구가 필요하다.

아무리 주의 깊게 작성된 메뉴라 할지라도 고객이 여러 번 맛보게 되면 자연히 그 메뉴에 대한 신선한 매력은 점점 잊혀지게 되며 좋은 품질의 것이 적정 가격으로 메뉴에 있다 하더라도 장기간 고정되어 있으므로 재료의 원가상승에 비해 원래 계획했던 만큼의 이익을 볼 수 없을 뿐만 아니라, 고객에게는 구태의연한 감을 주게 되므로 이러한 문제점을 해결하는 방안을 계속적으로 모색하여야 한다.

2) 특별메뉴(Daily Special Menu : Carte De Jour : 카르트 뒤 주우르)

원칙적으로 매일 시장에서 입수되는 특별 재료를 기초로 조리장이 그 기술을 최고로 발휘하여 고객에게 식욕을 돋우게 하여 만든 메뉴이다. 그러한 요리는 시장에서 구입하는 가장 좋은 양질의 재료로써 적절한 가격으로 때와 장소에 따라 싱싱하고 입맛과 계절감각을 돋우는 것이라야 한다.

특별메뉴는 다음날에 작성할 차림표를 위하여 구입한 재료들을 기초로 하여 매일 싱싱한 것을 사용할 수 있고 고객은 적당한 가격으로 메뉴에서 신선한 상품을 선택할 수 있게 되므로 경영주도 효율성을 높일 수 있다.

항상 변동하는 재료를 빨리 구입하고 메뉴를 작성하기 위해서는 구매 담당자도 그 재료 하나하나의 사용법이나 용도를 잘 알고 있어야 한다. 또 업무량이 많아질 염려가 있기도 하지만, 때로는 일품요리 같은 요리를 특별메뉴로 제공할 수 있다.

① 매일매일 준비된 상품(ready dish)으로 빠른 서비스를 할 수 있다.

② 재료 사용상의 재고품(left over) 판매를 할 수 있다.

③ 고객의 선택(choice)을 흥미롭게 도와줄 수 있다.

④ 매출(sales)의 증진효과를 볼 수 있다(특별메뉴를 내지 않는 경우에 비해).

3) Special Occasion Menu

기본메뉴를 작성하는 데 있어서 1년에 몇 번을 바꿀 것인가는 위치와 업장의 성격 및
사정에 따라 일반적으로 두 번 정도 교체하지만, 고객의 취향을 반영하여 새로운 메뉴
를 만들고, 가격상승 요인을 반영할 수 있기 때문에 필요하다. 기본메뉴 외에 스페셜 메
뉴는 계절적으로 구입 가능한 재료로 만드는 특별요리 페스티벌 메뉴는 별도로 작성해
야 한다. 예를 들어 아스파라거스, 딸기, 복숭아, 부활절, 밸런타인데이, 추수감사절, 성
탄절 메뉴 등은 적어도 한 달 전에 작성하고 준비하여 스페셜메뉴로 제공한다.

4) 국가별 메뉴의 특성

(1) Mexican–Spanish Menus

글로벌 시대를 맞아 전통이나 관습이 거의 모든 나라에 알려지는 계기로 식생활문화
또한 예외는 아니다. 그중 멕시코 음식과 스페인 음식은 우리 음식과 매우 밀접한 관계
를 이루고 있다. 이상의 두 나라 음식은 기본적으로 다르다. 즉 멕시칸 음식으로는 ta-
cos, enchiladas, taquitos, chili 등에서 보는 것과 같이 강한 맛과 향기를 더욱 중요시하
는 경향이 있고, 스페인 음식은 보다 더 순한 맛과 은근한 향기를 나타내는 것이 특징이
다.

* Paella Valenciana
스페인의 전통음식으로서 새우, 조개, 게살 등과 같은 계절적인 해산물이나 닭고기,
스페인식 소시지, 양파와 피망, 샤프란을 넣고 소금, 후추로 간을 한 후 쌀과 함께 밥
을 하는 것이다.

* Arros Amarillo Con Cameromnes
토마토, 피망, 양파, 완두콩과 함께 샤프란 라이스를 만들어서 태평양 연안에서 잡은
새우를 오븐에서 베이킹하여 함께 곁들여 제공한다.

* Arros Amarillo Cin Pollo
토마토, 피망, 양파, 완두콩과 함께 샤프란 라이스를 만든 다음 오븐에서 구운 영계

반쪽과 함께 제공한다.

＊ Bistec Segovia

최상급의 립아이 스테이크를 스페인산 레드와인에 마리네이드하여 숯불에 구운 뒤 espagnole 소스를 뿌린 다음 블랙 올리브를 썰어서 위에 장식한다.

＊ Chile Relleno

멕시코산 poblano 고추에 양념한 쇠고기를 채우고 밀가루와 달걀을 발라서 구운 다음 토마토 소스와 함께 제공한다.

＊ Pescado Ala Beracruzana

도미살에 소금, 후추, 밀가루를 발라서 버터에 살짝 갈색이 나게 한 다음 케이퍼, 마늘, 그린 올리브, 껍질과 씨를 제거한 토마토, 피망 등을 잘게 자르고 다진 파슬리를 첨가하여 화이트와인과 함께 은근하게 익힌 다음 멕시코산 큰 피망으로 장식한다.

＊ Carne Asada Tampiquina

쇠고기 안심의 힘줄과 지방을 제거하고 잘게 자른 다음 밀가루를 살짝 뿌리고 소금, 후추로 간을 한 다음 다진 양파, 핑크 빈스와 함께 버터에 볶는다.

＊ Ternera Con Lentejas

연한 송아지 고기의 안심을 금전식으로 자른 다음 소금, 후추로 간하여 밀가루를 살짝 뿌리고 버터에 구운 다음 렌즈콩을 곁들인 스페니쉬 소스와 함께 제공한다.

＊ Banderilla Mexicana.

쇠고기의 안심을 주사위 모양으로 자른 뒤 양송이, 청피망, 토마토를 같은 크기로 잘라 꼬치를 만든 다음 양념과 향초를 발라서 숯불에 굽는다. 멕시코풍의 라이스를 곁들인다.

＊ Enchiladas-Carne

쇠고기를 잘게 갈아서 양념한 후 팬케이크 또는 누들 반죽을 해서 접시만한 크기로 잘라서 준비한 고기로 속을 채워서 김밥과 같은 모양으로 만들어 위에 토마토 소스와 치즈를 뿌린 뒤 오븐에서 굽는다.

＊ Tacos-carne

바삭하게 만든 반달형으로 접은 타코셸에 양상추를 썰어 놓고, 쇠고기를 갈아서 강낭콩, 고추와 함께 만든 소스를 놓은 다음 그 위에 치즈와 썬 토마토를 놓는다.

＊ Tostados Carne

타코셸을 만들어 콩과 상추 썬 것, 토마토와 치즈를 겹겹이 놓아서 만든 요리

(2) The German Menu

독일 레스토랑은 세계 각국에 널리 퍼져 있으며, 독일 전통음식은 소시지가 유명하지만, 그들의 전통축제로서 하나의 추수 감사축제에 해당하는 'Oktoberfest'는 세계적으로 유명한 축제가 되고 있다. 날짜가 정해져 있지는 않지만 9월 말경에서 10월 초순까지의 기간에 행해지며, 메뉴는 독일 전통음식으로 소시지와 돼지고기요리, 샐러드, 간으로 만든 완자 수프 등이 아주 유명하고, 와인과 맥주가 곁들여지는 풍성한 가을 축제이다.

이 축제가 시작된 것은 1810년 바바리아의 Max Joseph가 그의 아들이 테레사와의 결혼파티를 목초지에서 거창하고 성공적으로 치른 다음부터 '테레사의 목초지'라는 별명이 붙었고, 현재 옥토버페스트는 그 목초지에서 행해진다. 매년 뮌헨 시장이 이 행사를 주관하며, 맥주공장으로부터 아름답게 장식한 말이 끄는 맥주마차를 이끌고 행진하는 것으로 이 행사가 시작된다.

(3) 메뉴에 칵테일 리스트 첨가

레스토랑에 '칵테일 바', '서비스 바' 또는 지하의 와인 저장고가 있어서 다량의 와인을 저장하고 있다면, 처음으로 고려해야 할 문제가 칵테일메뉴 또는 와인메뉴를 별도로 작성하고 와인 또는 칵테일 리스트를 메뉴와 같이 작성하는 것이 좋다. 또한 식사와 곁들이는 주류에 동반되는 문제를 파악하고 준비함으로써 더욱 효과적인 판매를 할 수 있을 것이다. 대부분의 주류는 저녁 정찬 시에 많이 판매되므로 저녁메뉴와 같이 판매하는 것이 좋다.

만찬 전에 사용하는 칵테일로는 martinis와 manhattans 등이 있고, 믹스 드링크류에는 scotch, bourbon 등이 있으며, 맥주와 와인을 들 수 있다. 만찬 진행 중에는 독한 주류보다는 맥주나 와인을 권하고, 만찬이 끝난 다음에는 와인도 무난하지만, cordials, brandies, liqueurs 등을 추천한다.

(4) 와인 리스트

와인은 종류가 대단히 많기 때문에 와인의 리스트가 메뉴에 함께 사용되면 매출 증대와 함께 고객에게 훌륭한 음식과 만족한 시간을 제공할 수 있다.

와인 리스트를 메뉴에 올리는 것은 첫째, 고객이 식사메뉴를 주문할 때 와인을 고객 스스로 대부분 주문하지 않는다는 것이다. 둘째, 메뉴에 와인 리스트를 함께 실을 경우 고객에게 메인코스를 주문받고 난 다음 와인은 어떠한 것을 하시겠습니까? 하고 쉽게 손님께 주문을 받을 수 있다. 와인은 식전에 마시는 'cocktails'이나 식후에 마시는 'cordials'보다 음식과 함께 판매되는 음료이므로 판매 전략을 잘 세우는 경우 매출증대 효과가 크다.

물론 아페리티브(aperitif)라고 부르는 'appetizer'와인과 'dessert'와인이 있기는 하지만, 메인코스와 함께 서빙되는 와인량이 가장 많다. 와인판매를 위해 좋은 다른 방법은 와인을 음식과 함께 추천하는 것으로 종류에는 red, white, rose, champagne 등이 있다.

와인 리스트를 별도로 만들 경우 아래의 사항을 고려해서 작성해야 한다.
① 프랑스, 독일, 이탈리아, 포르투갈 등의 원산지 표시를 해야 함
② 스파클링 와인(champagne, sparkling burgundy)과 일반와인
③ dry, medium, sweet 등의 종류
④ red, white, rose 등의 색깔에 의한 분류
⑤ 가능하면 vintage별로 구별함

✳ 음식과 어울리는 와인

	Sherry
Cheese 또는 Cracker	Champagne
	Sherry
	Chablis Dry Sauterne Rhine White Burgundy

	Champagne
Cold Chicken, Roast Turkey, Roast Chicken, Duck, Pheasant	Dry Sauterne
	Rhine
	White or Red Burgundy
	Claret
Steak, Veal, Lamb, Roast Beef, Stew	Burgundy
	Rose
	Chianti
	Zinfandel
	Barbera
	Sweet Sauterne
	Champagne

5) 소스의 특징

Butter Sauce

버터 소스는 어떠한 음식의 맛도 보완할 수 있는 훌륭한 재료이자 음식이다. 버터는 서양요리에서 빼놓을 수 없는 식재료이지만 특히 프랑스 주방에서는 역사가 깊다. 마찬가지로 일부 국가에서도 양념의 일부로 버터를 이용한다. 레몬즙이나 채소를 버터에 첨가하는 것만으로도 하나의 소스가 되는 것처럼 버터 소스는 만들기가 간단하다. 그러나 고급 버터 소스는 만들기가 쉽지 않지만 대부분은 간단하게 만들 수 있다. 적당량의 크림을 첨가하고 향초 또는 향신료를 첨가하여 특별한 소스를 만들 수 있고, 버터를 가열할 때나 크림을 칠 때는 몇 가지 주의할 것이 있다.

버터를 밤색의 '갈색버터' 또는 '검은 버터'로 만들기 위한 비결은 태우지 않는 것이다. 이때에는 빨리 타는 것을 방지하기 위해서 불이 너무 세지 말아야 하며 밑이 두터운 펜을 사용한다. 또 한 가지는 버터를 깨끗하게 정화하는 것인데 이것 역시 태우지 않아야 하므로 약한 불에 끓여 밀크 찌꺼기를 제거하고 맑은 버터를 만드는 것이다. 버터를 실온에서 적당히 녹여서 크림 휘핑하여 냉버터 소스를 만들 때는 버터에 향료를 첨가하기 전에 크림을 철저히 친다. 또 하나는 '흰 버터 소스' 서양요리의 5대 기본 소스인 홀랜다이즈 소스가 있다.

4. 서양요리의 코스별 특징

1) Appetizers

대부분의 레스토랑 메뉴에는 전채요리의 리스트가 되어 있지만, 대부분의 레스토랑에서는 이것을 상업적으로 잘 이용하지 못해서 성공적인 판매를 하지 못하는 것이다.

첫째, 메뉴에 전채요리를 싣는 위치가 중요한 것이다. 즉 이것은 주요리 전에 먹는 것이므로 주요리 전에 자리를 잡아야 한다. 한 장으로 구성된 메뉴라면 너무 많은 종류를 선택하지 말고 상단에 배열을 하고 두 장 또는 세 장으로 구성된 메뉴라면 첫째 장은 전채와 수프를 싣고 다음 장은 주요리, 마지막장은 후식으로 구분해서 고객으로 하여금 혼란스럽지 않도록 해야 한다.

두 번째로 생각할 것은 전체 메뉴의 배열에 있어서 애피타이저에 보다 많은 비중을 두는 것이 좋다. 왜냐하면 고객이 메뉴를 처음 펼쳐들면 메뉴의 이름보다 먼저 글자의 배열, 크기, 색상 등의 이미지로 인하여 좋은 결과를 얻을 수 있기 때문이다. 결론적으로 고객으로 하여금 그들의 예산보다 매출을 더 올릴 수 있게 하는 것이 하나의 중요한 요인이다. 애피타이저의 종류는 매우 다양하지만, 계절적인 재료와 가능하면 고객으로부터 낯설지 않으면서 무엇인가 기대를 가지고 주문할 수 있는 종류를 선택하며, 종류도 생선, 가금류, 채소 등을 골고루 선택하고, 조리방법도 구운 것, 튀긴 것, 삶은 것 등 최대한으로 고객의 기호에 접근하려는 노력이 있어야 한다. 오늘날 건강식으로 전채류의 선호도가 더욱 높아졌는데 이것은 전채가 아니라 주요리로 이용하는 고객이 많아진 것이므로 더욱더 신경써서 메뉴를 구성해야 한다.

2) Salads

고전적인 음식습관으로 보면 샐러드는 주요리와 함께 곁들이는 하나의 부속적인 음식으로 생각했지만, 현대는 자연식이 대다수 사람들의 뇌리에 깊게 자리 잡고 있으므로 주요리로서의 위치를 차지하기도 한다. 또한 종류도 다양해서 샐러드와 주요리의 구분을 지을 수 없을 만큼 샐러드가 차지하는 중요한 위치는 설명이 필요 없겠으나, 곁들여지는 드레싱과 어우러짐으로 인해 더욱 다양한 샐러드를 만들어낸다. 시저 샐러드의 예를 들어보면 이 샐러드는 동서양을 구분하지 않고 대다수의 고객

으로부터 사랑받는 샐러드 중 하나이지만, 오늘날 건강에 대한 의식이 높아짐으로써 일부는 의도적으로 피하기도 하고, 가능하면 자연식으로, 아니면 조금의 인위적인 처방을 한 음식이 무엇보다 더 중요하다. 결론적으로 샐러드는 애피타이저 못지않게 식전요리 또는 주요리로 당당하게 자리 잡아가고 있는 것이다.

3) Seafood Survey

해산물 요리는 메뉴 구성에 있어서 매우 중요하며, 전채, 메인요리를 불문하고 해산물이 차지하는 비중은 말이 필요 없을 만큼 중요하다. 해산물은 건강식이기 이전에 요리할 때 풍기는 냄새가 먹는 것 못지않게 행복한 마음을 갖게 해준다. 지방이 많지 않으며, 육질이 부드럽고 단백질이 풍부하므로 '바다의 식량'이라 부르기도

한다. 절임도 가능하고, 훈제요리를 할 수 있으며, 구이를 할 때면 그때그때 맛이 다른 특징을 가지고 있다. 그러나 변질과 부패가 쉽기 때문에 관리에 특별한 신경을 써야 한다. 어류, 갑각류, 패류 등의 종류와 특징을 잘 알아서 메뉴를 구성할 때 참고함으로써 고객에게 만족한 서비스를 할 수 있는 것이다.

4) 수프

(1) 콩소메(Consommé)

프랑스 어느 귀족 중에서 주방장이 요리사에게 걸쭉한 수프를 만들도록 지시했다. 수프가 완성될 때쯤 맛을 본 주방장이 맛이 없다고 큰소리로 야단을 쳤다. 그 후 요리사는

화가 나서 달걀 흰자와 고기, 채소를 한꺼번에 넣고 도
망쳤다. 얼마 후 수프가 완성되었는지 확인하려고 주방
장이 왔는데 요리사는 도망갔고 맑은 국물만이 끓고 있
었다. 할 수 없어 국물을 걸러서 손님에게 제공하면서
불안해 했는데 한 숟갈 떠먹어본 귀부인들은 탄성을 자
아냈다. 채소, 고기의 에센스만을 맑고 투명하게 만든
최초의 수프인 것이다. 콩소메라는 말은 완성했다는 의미가 있다.

(2) 비스크 수프(Bisque Soup)

비스크 수프에 사용하는 크림은 크리미(creamy) 계통
이지만 만드는 방법에 있어서 조금 차이가 있다. 비스크
수프는 바닷가재(lobster)나 새우(prawn) 등의 껍질이 있
는 쉘 피시(shell fish) 껍질을 이용하기도 한다.

비스크 수프는 채소와 쉘 피시의 껍질을 으깨어 완전
히 맛이 우러날 수 있도록 하고 마무리 시에 크림이나
다른 재료를 너무 많이 첨가하여 맛을 변화시키지 않도록 해야 한다.

(3) 부야베스 수프(Bouillabaisse Soup)

부야베스 요리는 가장 오래된 수프인데 6세기경 마르
세유에서 완성됐다. 그 무렵 훌륭한 범선의 주인이 젊은
어부에게 배 수리를 의뢰하였다. 그런데 배 주인은 젊
은 어부 약혼자에게 이 배에는 당신에게 어울리는 의상
과 보석이 잔뜩 있으니 같이 가자고 유혹했다. 이 꿈 같
은 유혹에 아가씨는 넘어갔다. 떠날 때 갑판에서 아가씨
는 큰 고기를 젊은 어부에게 던져주었다. 젊은 어부는 생선살로 수프를 끓이고 생선간
에 마늘, 고춧가루, 올리브 기름을 수프에 넣어 먹으니 맛이 좋아 아가씨 일을 잊어버렸
다고 한다. 근래에는 아이오리 소스를 빵에 발라 수프에 넣어 먹기도 한다. 마르세유는
프랑스 남부의 항구도시이다.

(4) 차우더 수프(Chowder Soup)

차우더라는 음식 이름의 기원은 프랑스에서 요리할 때 쓰는 chaudiere라는 큰 포트(pot)에서 유래되었다. 당시 New England 지역의 정착민들이 장사, 혹은 군사들을 통한 식민지 개척을 통해 북미 지역의 프랑스군 주둔 지역과 접촉하면서 이 조리기구를 취득했으리라고 생각한다. chowder란 음식은 이 큰 포트(pot)에 그야말로 손에 잡히는 대로 잡다한 음식재료 즉 해물, 돼지고기, 채소 그리고 크래커와 우유 등을 집어넣고 푹 끓여서 만드는 걸쭉한 수프를 말하는데, 18세기 중반에는 미국 전역에서 즐겨 먹는 음식이 된 것으로 보인다.

5. Steak Description

1) Porterhouse

고급 스테이크의 하나로 양이 많지만 한번에 안심과 등심을 맛볼 수 있다는 장점이 있다. 한 가지 흠이라면 안심 쪽에 비해 등심 쪽의 육질이 질기다는 점이다. 또 한 가지는 알파벳 T자 모양 뼈 사이의 고기가 잘 익지 않으므로 그 부분의 고기를 익히려면 다른 부분의 고기가 너무 많이 익기 때문에 주의해야 한다는 것이다. T-bone steak는 안심 쪽의 고기가 작은 것을 말한다.

2) Filet Mignon

안심스테이크의 모든 것을 말하는 것으로, 육질이 연하기 때문에 입안에서 사르르 녹는다는 표현을 쓰기도 한다. 그중에서도 특별히 엄선된 안심으로 만든 스테이크는 믿기지 않을 만큼 좋은 향을 가지고 있다.

3) Tenderloin

쇠고기의 안심을 말하는 것으로 육질이 너무 연하기 때문에 자칫 단순한 맛이 있을 수 있으므로 안심에 붙어 있는 약간의 지방을 곁들임으로써 풍미를 더할 수 있다. 안심 스테이크를 만들 때는 고기가 연하고 담백하기 때문에 와인 소스 등으로 맛을 더해주어야 한다.

4) Bone-in-Strip

캔자스 시티 등심이라 부르기도 하는 안심, 등심과 같이 긴 모양을 하고 있으며 뼈를 잘라버리지 않아 육즙이 많고 풍미가 좋다. 구이를 하는 동안 뼈와 함께 함으로써 더 많은 육즙으로 인해 맛을 더 좋게 한다.

5) Strip Sirloin

뉴욕 스트립 또는 뉴욕 서로인이라 부른다. 이것은 육질이 연하기 때문이지만 그렇다고 연하기만 한 것이 아니며, 일반 등심보다 더 풍미가 있는 것이다. 달콤하고 최상급의 지방이 고기의 주위를 감싸고 있어서 맛이 좋기 때문에 'Sir Loin'이라는 칭호를 받고 있는 것이다.

6) Butterfly Fillet

이것은 안심스테이크인 'Filet Mignon'과 같지만 굽기 직전에 고기를 세로로 자르는 것이 다르다. 이러한 스테이크는 손님이 굽는 정도를 주문할 때 미디엄부터 웰던 주문 시 조리가 용이하도록 자르는 방법이다.

7) Tip Butt Sirloin

일반적으로 최상의 프라임 비프로 만들어지며, 판매목표를 쉽게 달성할 수 있고 입맛을 돋우는 데 만족하게 할 수 있다. 맛은 최상의 고기를 사용하므로 모든 고객들이 좋아한다.

8) Chateaubriand

안심스테이크 중 최상의 스테이크로서 일반적으로 2인분을 요리해서 손님 테이블 곁에서 직접 잘라 서브한다. 샤토브리앙은 안심을 2인분의 크기로 자른 다음 세로로 눌러서 굽는다. 좋은 와인 소스와 같이 제공한다.

9) Choped Steak

안주로 사용하는 스테이크로 안심을 주사위 모양으로 자른 후 남은 것을 이용하는 데 사용한다. 채소와 토마토 소스를 곁들여서 조리한다.

6. Steak 굽는 방법

1) Rare

센 불에서 겉만 살짝 익히고 안쪽은 핏빛이 그대로 있어야 한다. 이러한 방법은 고기가 얇을 때는 불가능하다.

2) Medium Rare

위의 레어와 같은 방법으로 굽지만 고기의 안쪽이 조금 더 열기가 있게 굽는 방법.

3) Medium

고기의 표면은 진한 갈색으로 다 익어야 하고 가운데는 뜨거워야 하며 핑크색을 띠어야 한다.

4) Medium Well

위의 미디엄보다 더 익혀야 하고 소의 핑크색이 거의 없어지며 육즙만 남도록 굽는 방법.

5) Well Done

표면이 다 익은 것은 말할 필요도 없고 안쪽까지 다 익어서 육즙이 없도록 익히는 방법이다. 식당에서는 웰던을 조리할 경우 딱히 신경쓰지 않아도 된다.

7. 미국산 쇠고기의 등급

쇠고기의 등급분류 기준은 상강도, 조직도, 지방과 조직의 빛깔, 그리고 향기에 근거하고 있다. 수분과 단백질이 지방으로 변하여 대리석 같은 얼룩무늬 형태로 골격근에 남게 되는데 이것을 마블링(상강도 ; marbling)이라 한다. 이러한 지방교잡 정도(상강도 ; marbling)는 근육조직에 산포되어 있는 지방질의 양과 모양으로 측정한다. 마블링이 잘된 고기는 비육이 잘된 소에서 생산된 고기로, 고기의 향과 맛이 뛰어나고 연하다.

지방색은 흰노란색보다는 흰색에 가까울수록 좋으며, 덩어리진 지방보다는 작은 좁쌀처럼 미세한 지방이 살코기(조직) 속에 그물조직같이 산포된 것이 좋다. 조직도는 육질의 조직형태와 비율을 의미하며, 결이 곱고 윤기가 나는 육질이 대체로 우수하다. 고기의 빛깔은 선홍색의 육질이 대체로 양질의 것이다. 빨간색은 수분이 많은 것이며, 암갈색은 나이가 많은 쇠고기다. 고기의 향기는 익힐 때 휘발되는 냄새를 말하며 향기로운 냄새가 좋다.

POINT
미연방정부의 쇠고기 분류기준은 8등급이다.

----

1) 최량급(Prime)

고급 호텔이나 전문 식당에서 주로 사용하며, 총 생산량의 4% 미만이기 때문에 가격이 비싸다. 육질은 연한 그물조직이며, 단단한 우윳빛의 두꺼운 지방으로 싸여 있으므로 숙성시키기에 적합하다. 가격이 비싼 단점은 있지만 마블링이 잘 되어 있어서 고기를 구울 때 지방이 육질 사이로 고르게 퍼지기 때문에 맛있는 최고급 스테이크를 만들 수 있다.

2) 상등급(Choice)

최상급보다 마블링이 적으나 육질은 연한 그물조직이며 맛과 육즙이 풍부하다. 생산량도 많고 경제적인 가격이므로 인기도 좋으며 소비량도 많다. 표면의 지방색이 흰색을 띠며 내부 육질 사이에도 지방이 대리석 무늬로 되어 있는 것이 좋다. 같은 조건의 곡물로 키운 소라도 기후와 풍토에 따라 미국 동부 쪽의 소가 서부 쪽의 소보다 더 좋다.

3) 상급(Good)

지방의 함량이 적기 때문에 요리하면 덜 수축되는 경제적인 쇠고기다. 고기의 육질이 좋기 때문에 스테이크, 로스트 등의 요리에 사용할 수 있다. 지방이 조금 있어서 육질 등급이 조금 낮지만 육질은 좋다.

4) 표준급(Standard)

살코기의 비율이 높고, 지방의 함량이 적으며 위의 등급보다 맛이 떨어진다.

5) 판매급(Commercial)

성우육(成牛肉)으로 맛은 풍부하지만 질기기 때문에 연해지도록 천천히 요리해야 한다. 풀만 먹여 기른 소의 고기이며 인위적으로 연하게 하기 전에는 몹시 질기다. 얇은 지방으로 싸여 있고 맛은 담백하고 풍미가 거의 없으며, 고기를 구운 후 육즙이 쉽게 빠진다.

6) 보통급(Utility), 분쇄급(Cutter), 통조림급(Canner)

위의 등급보다 맛과 향은 떨어지지만 경제적으로 유리하기 때문에 제조가공하거나 기계에 갈아서 사용하기에 적합하다.

8. 기본조리 기술용어

* Mirepoix

기본적으로 양파 50%, 당근 25%, 셀러리 25%의 비율로 만드는 것을 말한다. 스톡이나 소스 외에 많은 요리를 준비하는 데 사용한다. 일반적으로 위의 재료는 부스러기의 채소를 많이 사용한다.

* Bouquet Garni(Faggot)

소스나 스톡을 만들 때 사용하는 채소다발인데, 요리가 완료된 다음에는 제거하기 쉽게 다발로 만든 것이다. 사용하는 채소는 셀러리, 대파, 당근 등이 기본이고 쓰다 남은 프레시 허브 또는 파슬리 다지고 남은 줄기를 한데 묶어서 만든다.

* Oignon Pique(Studded Onion)

음식의 풍미를 더하기 위해 껍질을 제거한 양파에 월계수 잎을 정향으로 고정시킨 후 음식물(베샤멜 소스 등)에 넣어서 조리가 끝나면 제거한다.

* Onion Brule(Charred Onion)

양파를 옆으로 2등분 또는 3등분으로 자른 뒤 뜨거운 팬에서 검게 타도록 만든 다음 콩소메 등의 음식에 맛과 색깔을 내는 데 사용한다.

* Sachet D'epice(Spice Bag)

향신료를 가제수건에 넣어서 끈으로 묶은 다음 스톡이나 소스에 넣어 조리가 끝난 후에 꺼낸다.

* Chopped Shallots

다진 샤롯이나 다진 양파는 다양한 요리에 양념으로 사용한다. 그러나 비록 냉장고에 보관하더라도 이틀 이상 보관하면 향기를 잃고 맛도 없어지므로 적은 양을 자주 준비할 수 있도록 한다.

* Chopped Garlic

양파 또는 샤롯 다진 것 못지않게 준비물에서 빠질 수 없는 품목이지만, 다져놓으면 색과 맛의 변화가 빨리 오기 때문에 가능하면 매일매일 준비해서 사용한다.

* Chopped Parsley

파슬리를 다지기 전에 깨끗하게 씻고 물기를 제거한 다음 다져서 치즈 크로스(소창)에 담아서 즙을 빼고 보관 사용한다. 즉석에서 사용할 때는 즙을 제거하지 말고 그대로 사용해도 좋다. 보관 시 즙을 제거하지 않으면 다진 파슬리가 한데 엉겨붙는다.

* Tomato Concasse

잘 익은 토마토의 꼭지를 제거하고 반대쪽에 십자로 살짝 흠을 낸 후 끓는 물에 약 10초간 살짝 데쳐서 즉시 냉수에 식힌 후 껍질을 제거한다. 절반을 잘라서 씨를 제거하고 완두콩 크기의 사각으로 자른다. 다른 것과 마찬가지로 그날그날 준비해서 사용한다.

허브(향신료)와 조리응용

허브는 향신료란 이름으로 많이 사용되며, 방향성 있는 여러 가지 식물의 부분, 즉 꽃, 종자, 과실, 잎, 뿌리, 줄기 등을 이용하여 생활에 사용되는 향기 있는 식물을 총칭한다. 향신료는 프레시 또는 건조시켜서 잎이나 분말로 만들어 사용한다. 원산지는 열대, 아열대지방이 대부분이다.

향신료는 독특한 향기와 매운맛, 단맛, 쓴맛, 신맛 등의 맛이 있고 요리에 향기를 곁들이는 것과 맛을 곁들이는 것 그리고 색을 내는 데 소량 사용하고 요리의 감칠맛과 풍미를 증가시키기도 하고 식욕을 돋우는 역할을 하기도 한다.

1. 향신료의 어원

1) Herbs(허브)

동서양을 막론하고 현대의 요리에 갖가지 모양으로 다양하게 사용되는 허브는 참으로 많은 이들에 의해 이용되며, 요리할 때 맛과 향미를 독특하게 내기 위해 많은 사람들이 연구를 거듭하고 있다.

향신료는 건강을 위하여 무슨 재료가 어떻게 사용되어야 좋은지를 거듭해서 밝혀내고 있다. 허브를 꽃이나 잎, 줄기, 뿌리 등을 이용한 약재나 요리에 사용 가능한 향신료로만 알고 있을 수도 있으나, 요리 재료로서도 훌륭한 예술적 가치를 지닌다. 이는 부드럽고 향미가 강한 꽃, 봉오리 등을 섭취할 수 있는 여러 식물이 요리재료로 쓰여짐을 알수 있다.

2) Spice(스파이스)

스파이스는 열대와 온대에서 생산되어 유럽으로 전해진 향신료로 방향성과 자극성이 뛰어나다.

스파이스는 방향제, 착색제, 향신료로 사용되며 대부분 건조한 것을 많이 이용하는데 고추, 겨자, 코리앤더, 아니스, 캐러웨이 등을 건조하여 잎이나 가루를 조리할 때 가미한다.

2. 향신료(香辛料)의 종류와 성분

향신료는 서양요리, 중국요리, 일본요리, 아시아요리와 함께 한국요리를 할 때도 맛과 향을 내고 식욕을 증진시키기 위하여 없어선 안될 중요한 조리재료에 속한다.

향신료는 여러 방향성 식물의 뿌리, 열매, 줄기, 종자, 꽃, 잎, 껍질 등에서 취할 수 있는데 방향성 식물 고유의 독특한 맛과 향기를 지니고 있다.

* Allspice(올스파이스 ; 자메이카 Pepper)

자메이카에서 자라는 조그만 열대 상록수의 열매에서 생산되며 방향과 풍미는 정향, 넛멕, 계피와 거의 비슷. 소시지, 생선, 피클, 젤리와 디저트요리에 이용. 익기 전에 열매를 따서 말려야 하는 올스파이스는 콜럼버스가 1492년 미대

륙을 발견한 지 80년 후에 유럽인에 의해 발견된 향신료이다.

후추 같은 매운맛은 없으나, 상쾌하고 달콤하면서 쌉쌀한 맛도 난다.

올스파이스를 으깨면 후추의 풍미가 강해서 '자메이카후추'라 불리기도 하고 17세기
부터는 피멘토라 불리기도 했다.

소화, 살균, 항균작용 등이 있고, 기름에 대한 산화작용이 있는 피멘토 오일은 올스파
이스의 열매에서 추출한 기름을 말하는 것인데, 생선 통조림용으로 러시아에서 대량 소
비 중이다.

단 음식, 매운 음식 등 어느 것에도 잘 쓰이며 어떤 스파이스와도 조화를 잘 이룬다.
주로 소시지, 생선, 피클, 래디시와 디저트 등에 쓰인다.

＊ Anchovy, Alici(앤초비)

멸치과의 작은 생선인 앤초비는 소금물이나 기름에 저장되
어 이탈리아 요리에서 맛을 내는 데 많이 쓰인다. 이것은 쉽
게 구할 수 있으며 항아리나 캔에 보관한다. 어떤 것은 소금
의 양이 지나치게 많으므로 사용 전에 약간의 우유에 적시거
나 뜨거운 물에 씻는 것이 좋다.

＊ Angelica(안젤리카)

내한성 2년생~다년생 식물이지만 사람 키만큼 자라는 장대
한 식물이다. 키가 1.5~2m씩 자라며 잎은 2회 우상복엽으로
소엽은 넓은 난형이며 거치가 있다. 줄기는 굵고 속이 비었
으며 잎자루가 평대해져서 줄기를 감싸고 있다.

안젤리카는 뿌리뿐만 아니라 포기 전체에서 사향 같은 향
내가 나는데 마력이나 저주를 막는 강력한 힘이 비장되어 있다
고 믿어서 '성령의 뿌리' 또는 '마녀의 영약'이라고도 한다. 원산지는 유럽 북부 또는 시
리아 등지이며, 지금은 유럽 북미 등에서 야생상태를 이루고 프랑스, 독일, 벨기에, 미
국, 캐나다 등지에서 상업적으로 재배되고 있다. 강장, 소화촉진 등에 탁월한 효과가 있
으며 빈혈증, 이뇨, 발한작용에도 쓰이고, 장내에 가스가 찰 때 구풍(가스배출) 작용으
로 잎을 씹는 것이 널리 알려져 있다. 잎은 레몬과 꿀을 섞어서 감기에 걸렸을 때 허브

차로 마신다. 건조시킨 후에도 향기가 좋기 때문에 잎은 포플리로도 쓰인다. 줄기는 즙이 많기 때문에 설탕절임도 하고 잼이나 마멀레이드도 만들고 생선요리의 부향제로도 쓰인다.

* Anice(아니스)

향신료 아니스를 채소 아니스나 스타 아니스(Star Anise)와 혼동할 수 있다. 채소 아니스는 둥근 모양의 뿌리로 식별이 가능하고, 스타 아니스는 중국의 목련과에 속하는 나무에서 생산된다. 아니스 씨는 달콤하면서도 상쾌한 맛이 있어 입냄새를 없애주며, 건위, 구풍(驅風), 거담, 최유약으로 쓰인다. 또 씨에서 정유를 추출하여 향장용으로도 쓴다.

허브 아니스는 원산지가 동양이지만 오랜 세월 동안 멕시코, 스페인, 모나코 등 지중해 연안에서 생산되어 왔고 유고슬라비아나 터키에서도 생산된다. 파슬리과에 속하는 이 식물은 오이풀과도 비슷하게 생겼고 키는 18inch가량 자라며 자그마한 잎과 하얀 꽃잎의 작은 꽃을 피운다. 아니스의 씨는 주로 페스트리, 쿠키, 빵, 캔디, 피클 등에 사용되고 말리지 않은 아니스 씨는 알코올 음료인 리큐어에 쓰인다.

* Artichoke(아티초크)

줄기는 굵고 속이 비었으며 한 포기가 1m 사방으로 퍼질 정도로 장대하다.

잎은 크고 톱니형으로 깊이 찢어진 모양을 한 은록색이며 뒷면에 흰솜털이 덮여 있다. 꽃은 7~8월에 피며 진분홍색의 두화가 피는데 흡사 엉겅퀴꽃 같다.

육질의 포엽(비늘 같은 것)을 따든가 꽃봉오리(속잎)를 칼로 썰어 곧 식초 섞은 물에 담가두어야 하는데, 공기 중에 방치하면 색이 검게 변하기 때문이다. 따라서 물에 담가 약간 쌉쌀한 맛을 우려내고 끓는 소금물에 살짝 삶아서 요리한다. 생선, 육류, 채소 등 어느 것과도 조화가 잘 되며 오드볼로도 사용된다. 수프나 스튜에 넣기도 하고 볶음요리에 사용한다.

* Arugula(아루굴라)

잎이 부드럽고 독특한 맛을 지녀 여름 샐러드로는 일품. 성장 속도가 대단히 빨라 2개월 정도면 수확하여 식탁에 올릴 수 있고 2~3번 정도 더 수확할 수 있고 로켓(Rocket), 로큐테(Roquette)라고도 부른다. 우리나라에서 생산되므로 가정에서 조금만 관심을 가지면 손쉽게 구할 수 있으므로 여름에 식탁을 풍성한 아루굴라의 향으로 가득 채울 수 있다.

* Avocado(아보카도)

원산지는 라틴아메리카. 산의 맛이 있는 과실과 마늘 등에 잘 어울린다. 미국 인디언의 스태미나원이었으며 치즈와 버터, 달걀을 우유에 섞은 것 같은 지방분이 있어 '숲속의 버터'란 특이한 이름을 가지고 있다. 소금을 조금만 넣어도 깜짝 놀랄 정도의 농후한 맛으로 변하게 된다. 그래서 물과 소금이 있으면 언제든지 맛있게 먹을 수 있다.

* Basil(바질)

열대아시아, 아프리카, 태평양의 여러 섬이 원산지인 1년초이다. 민트과에 속하는 일년생 식물로 원산지는 동아시아와 유럽이지만, 우리나라도 재배가 가능하여 현재 많이 사용하고 있다. 바질은 건위, 진정, 진경, 구풍작용이 있으며 불면증에 좋고, 구내염에도 쓰인다.

이탈리아 요리에서 사용하는 향신료 중에서 가장 중요하며 독특한 맛과 매우 향긋한 향기를 내는데, 토마토의 요리에 뺄 수 없는 부향제이며 닭고기, 어패류, 채소와 샐러드, 스파게티, 피자파이, 스튜, 수프, 소스 등의 요리에 널리 사용된다. 바질의 향기는 환경에 따라 다소 다르지만, 달콤하면서도 정향과 생강이 섞인 듯한 고상하면서도 상쾌한 향기를 지니고 있다.

* Bay Leaf, Lauro(월계수 잎)

월계수는 암나무와 수나무가 따로 있는 상록 소교목이지만 원산지에서는 10m씩 자라는 교목이다. 줄기는 밑쪽에서부터 잎이 나며 곁가지도 많이 나고, 잎은 스치거나 찢으면 달콤한 향기가 난다. 미국과 영국, 프랑스 등에서 매우 많이 쓰이는데 스튜, 수프, 마리네이드 등의 풍미를 내기 위해서 사용된다.

건조된 월계수 잎은 달고 독특한 향기가 있어 서양요리에는 필수적일 정도로 널리 쓰이는 향초이다. 또한 식욕을 촉진시킬 뿐 아니라 풍미를 더하며 방부력도 뛰어나므로 소스, 소시지, 피클, 수프 등의 부향제로 쓰이고 생선, 육류, 조개류 등의 요리에 많이 이용된다. 특히 맛을 내기 위하여 장시간 요리하는 음식일 경우에 좋다. 짧은 시간에 요리해야 할 경우 곱게 다지거나 갈면 풍미를 증가시킨다.

* Bergamot(벨가못트)

내한성 다년초로서 키는 60~80cm로 자라며 네모진 줄기는 곧게 자란다. 잎은 긴 잎자루가 있는 달걀꼴로 성장하여 짙은 녹색이며 거친 거치가 있고 연맥에 가는 털이 나 있다.

여름에서 가을에 걸쳐 갈라진 가지 끝에 비적색의 꽃이 핀다. 꽃과 잎에 벨가못트 오렌지 향이 있다.

벨가못트는 방향성 건위약일 뿐 아니라 구풍제, 진정제, 피로 회복에 효과가 탁월하며 티몰 성분 때문에 방부작용도 한다. 그 밖에 최면효과도 있고 목욕재로도 쓰인다. 허브차 외에 샐러드, 와인이나 칵테일에도 신선한 잎을 띄워서 풍미를 즐긴다. 신선한 것이나 건조시킨 것이나 향기에는 별 차이가 없으므로 방향제(포플리)로도 많이 이용된다.

* Borage(보라지)

보라지의 기원은 지중해 연안 지역으로 알려져 있으나 현재는 유럽, 미국 등 여러 나라의 정원과 가정에서 재배한다. 지중해 연안에 흔히 자라는 1년초로 키가 50~90cm로 자라며 포기 전체에 흰털이 있어 이탈리아어로 '보라(borra)', 프랑스어로 '보우라(bourra)'라고 하는데 모두 털(毛)이라는 뜻으로 푸른꽃과 털이 보송보송한 잎과 줄기를 갖고 있다. 보라지 잎에는 미네랄, 특히 칼슘, 칼륨 등이 많이 함유되어 있어서 이뇨, 진통, 완화, 발한, 정화, 피부연화작용 등이 뛰어나다.

* Camomile(캐모마일)

사과 같은 향이 난다. 프랑스, 벨기에, 영국 등이 유명한 재배지로서 캐모마일 꽃이 피는 7~8월은 이 꽃을 따서 에센셜 오일(정유)을 만들어 판다. 서양에서는 식후나 취침 전에 습관적으로 이 차를 마신다고 한다.

* Violet(바이올렛)

독일과 중부유럽에서 자생, 종류만도 200종을 넘는다. 바이올렛의 잎이 필 때 그 맛이 오이와 비슷하여 오이꽃이라고도 한다. 바이올렛의 여린 잎은 샐러드로 사용하고, 말린 바이올렛 뿌리는 약초로도 사용하는데, 요리에서는 수프의 양념과 채소, 생선코스에서 친근한 맛을 낸다.

* Caraway(캐러웨이)

내한성 2년생 초본으로서 무더위에 약한 편이며, 키는 60~70cm로 자라며 당근잎처럼 잘게 찢어지는 우상복엽으로 실처럼 가늘게 찢어지고 향이 있다. 6월에는 꽃대 흰색 잔꽃이 산형화로 핀다. 꽃핀 뒤 녹색의 쌀알 같은 열매가 많이 달리는데, 익으면 갈색이 되며 건조하면 분리되어 반달모양의 씨가 된다. 씨의 크기는 길이 4~7mm로 암갈색에 흰줄이 있다. 뿌리는 당근처럼 비대하다.

캐러웨이씨를 수증기 증류하여 얻은 기름은 소화불량, 복통, 설사 등의 가정상비약이 되며, 특히 장내의 이상가스를 억제하는 데 좋다. 또 후두염의 양치질 약으로도 이용한다. 요리 중에 첨가할 수 있으며 보리빵, 사우어크라우트, 비프스튜, 수프와 캔디에 이용되며 큐민, 아니스와 같이 캐러웨이씨는 독특한 향이 없다.

* Green Pepper Corn

청후추를 수확해서 통조림 또는 병졸임을 한 것으로 육질이 대단히 부드러우며 향기가 좋다. 소스, 샐러드에 사용한다.

* Pink Pepper Corn

붉은 후추를 수확해서 통조림 또는 병졸임을 한 것으로 청후추보다는 육질이 조금 더 단단하고 풍미가 강하다. 소스, 샐러드 등에 사용한다.

* Saffron

스페인에서 재배되는 꽃의 수술을 말린 것으로 노란색을 내는 염료 또는 음식의 색소로 사용한다. "빠엘라 라이스" 와 같이 노란밥을 만들기도 하고 소스에도 널리 사용한다.

* Pickling Spice

월계수 잎, 통후추, 정향, 겨자씨, 계피 등을 섞어서 채소피클을 담을 때 국물을 만들어 사용하기 위하여 미리 만들어 놓은 향신료 모음.

* Rosemary

다년생 침엽수의 향초로서 향이 강하다. 소스, 수프, 생선구이, 육류에 폭넓게 사용한다. 잎이 딱딱하기 때문에 아주 고운 가루를 만들어서 사용한다. 로즈메리는 지중해 연안에서 야생으로 서식하며 기후가 온화한 지역에서는 집에서도 재배한다. 은밀한 장소에서 자라며 키는 약 2미터까지 자라며 수명은 약 20년 정도이다. Ravender와 닮은 잎은 약간 말리고 나무줄기에 붙어 있고 상록수인 향기로운 잎사귀의 향은 은빛줄기에 붙어 있다. 초여름에 연보라색의 꽃을 피워서 아름다운 자태를 뽐낸다. 줄기째 꺾어서 사용하고 특별히 생선을 구울 땐 내장을 제거하고 그 속에 로즈메리 줄기를 넣고 오븐에서 베이크하면 향기로운 요리를 만들 수 있다. 신선하고 부드러운 로즈메리는 수프, 소스 등에 함께 요리해서 먹을 수도 있지만, 말린 로즈메리의 잎은 가시같이 빳빳하기 때문에 음식물이 조리된 후에는 반드시 제거해야 한다.

* Poppy Seed

볶은 양귀비의 씨앗으로 제과 제빵에 사용하며 주요리의
소스로도 사용한다.

* Sage

쑥과의 일년생 향초로 육류의 스터핑이나 드레싱, 고기의 소
스나 그레이비에 사용한다. 특히 이탈리아 요리에서 많이 사
용하는데 송아지고기, 돼지고기, 어류(송어) 등과 소스에 폭
넓게 사용한다. 세이지는 지중해의 해안가에서 야생으로 자
란다. 세이지는 특별히 지방이 많은 육류요리의 향초로 이용
한다. 줄기는 나무와 같이 딱딱하고 연회색의 잘게 골이 진 잎을
가지고 있다. 꽃은 보라색 또는 청색으로 아름다운 모양을 하고 있다. 잎이 부드럽기 때
문에 요리와 같이 섭취하고 소시지, 거위나 돼지고기의 스터핑에 사용하며, 특히 치즈
를 만들 때 사용하는데 이것이 '세이지더비치즈'와 '버몬트 세이지치즈'이다. 수천 년 전
세이지는 중요한 약용 향초의 한 가지였다. Salvia란 말은 라틴어인 '구원' 또는 '구조'라
는 말에서 파생된 것이다. 이것은 수렴제로서 원기를 돋우고 소화를 촉진시키며 정혈과
해열작용을 하는 것으로 믿어왔다.

* Thyme

차우더 수프, 채소수프, 스터핑에 사용하며 양고기 갈비
구이에 잘 어울린다.

* Tarragon

향이 순해서 타라곤 비네가, 해산물, 가금류, 송아지고기, 채소와 소스 등에 사용하기
가 좋으며 버터소스인 베어네이즈 소스에 없어서는 안되는 향초이다.

* Turmeric(Ground)

생강모양의 노란색을 가지고 있는 뿌리로 카레를 만들 때 20여 종의 혼합 향신료 중에서 노란색을 내는 물질이다. 렐리쉬, 혼합 채소피클, 달걀음식 등에 사용한다.

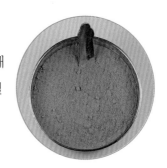

* Dill

딜의 원산지는 서아시아이다. 오늘날 호주, 북아메리카, 북유럽, 영국 등에서 재배하고 또 야생으로도 잘 성장한다. 바늘과 같이 생긴 부드러운 잎을 가지고 있으며 보통 30cm에서 1.5m까지 자란다. 향이 순하기 때문에 여러 가지 음식과 잘 어울리지만 특별히 생선요리에 많이 사용한다.

* Lasser Galangal

중국이 원산지이며 가시가 있는 가느다란 잎을 가지고 있으며 약 1.5m까지 성장한다. 생강꽃과 아주 흡사한 붉고 푸른 색깔의 꽃이 피며 13세기경 십자군에 의해서 영국과 북유럽에 뿌리로 옮겨졌다. 중세에 이것은 요리용으로 사용한 것이 아니라 위장장애와 소화불량에 약으로도 사용하였다.

* Caper

지중해의 자갈밭에서 야생으로 자라는 케이퍼는 작고 끊임없이 뻗는다. 케이퍼 덩굴의 얇고 빛나는 잎은 태양을 향해 솟아 있고, 크고 짧은 생명을 가진 꽃은 이른 여름부터 핀다. 케이퍼의 특별한 향은 'capric acid' 꽃봉오리를 따서 소금과 식초로 피클을 담금으로써 얻어지며 짠 음식과 기름진 음식, 올리브, 소금친 육류와 생선을 보완해 준다. 또한 케이퍼는 캐서롤 요리와 육류요리에 사용하여 잡냄새를 없애주고 입맛을 돋우어 소화를 촉진시키기도 한다.

* Horseradish

호스래디시의 원산지는 동유럽으로 여겨지지만, 인간이 경작한 것은 수천 년이 되었고, 현재는 세계 곳곳에서 야생으로도 자란다. 특별히 길가나 건조한 제방 둑에서도 자란다.

뿌리는 머스터드씨와 같은 강렬한 매운맛을 가지고 있다. 특별히 껍질부근에서 아주 매운맛을 낸다. 이것은 날것으로 갈거나 갈아 말려서 소스로 만들어 생선, 소시지 또는 채소요리 등에 사용할 수 있다. 특히 식초에 절인 훈제연어나 보일드 비프와 아주 잘 어울린다.

* Tarragon

검푸른 색깔로 자라는 서유럽지역의 식물이다. 잎은 여름에 수확하며 보통 후레쉬로 사용한다. 잎 모양은 보리 잎과 같이 생겼으며 키는 약 1m까지 성장한다. 소스, 샐러드, 생선요리, 달걀요리 등에 사용하며 많이 사용하는 Basil과 같이 토마토와도 잘 어울린다. 타라곤은 프렌치 타라곤과 러시아 타라곤의 두 종류가 있는데, 러시아 타라곤은 왕성하게 자라서 프렌치 타라곤보다 더 크고 잎이 더 넓다. 그러나 이 두 가지를 구별하기는 쉽지 않다.

* Cumin

큐민은 가느다란 줄기나 바늘과 같이 생긴 잎을 가지고 있으며, 키가 작은 일년초로서 일부는 30cm 이상 자라는 경우도 있다. 초여름에 흰 꽃과 핑크 꽃을 피우며 모양은 캐러웨이와 비슷하다. 큐민은 이집트가 원산지이지만, 오래전부터 동양과 유럽에서 재배하였다. 큐민은 색깔이나 향기에 있어서 다양한 종류가 있는데, 다 같이 씨앗이 가지고 있는 강한 향기는 입맛을 촉진시키고, 주방에 없어서는 안되는 향신료가 되고 있다. 큐민은 인디언 카레에는 빼놓을 수 없는 향신료이고 중동음식이나 모로코의 음식에서도 사용하는 것을 종종 볼 수 있다. 양고기, 닭고기, 요구르트 그리고 가지요리 등에 사용한다.

✳ Cardamom

카다몸에는 약간씩 다른 향기를 가진 여러 종류가 있다. 현
재 유럽으로 수입되는 종류의 카다몸은 대부분 인도에서 재
배한 것이다. 카다몸은 말린 씨앗으로 연한 청색에서부터
갈색까지 다양한 색깔이 있다. 또한 냉암소에 보관하며 사
용 시 즉시 깨뜨려서 사용한다. 용도는 다양해서 커피와 함께
갈아서 카레에 사용하며 제과, 제빵 그리고 술을 제조할 때도 사
용한다. 스칸디나비안 국가들과 북유럽국가들에서는 과일에 술을 넣어서 삶을 때 향신
료로 사용하고, 튀김반죽이나 푸딩 또는 육류요리에 사용한다.

✳ Fennel

휀넬의 원산지는 지중해 연안 국가이지만 북유럽에 소개된
것은 로마로부터였고, 남미에 소개된 것은 초기 유럽의 정착
민들이었다. 오늘날은 대부분의 기후에서 자생하며, 특히
길가나 해변에서 잘 자란다. 연중 약 15m까지 자라며 코스
모스 같은 잎을 가지고 있으므로 다른 풀과는 구별된다. 여름
동안에 줄기째 꺾어서 바람이 잘 통하는 장소에서 말린다. 이때
떨어지는 씨앗을 받기 위해서 천으로 씨앗을 싸서 놓는다. 휀넬씨는 약간 쓴맛을 가지
고 있지만 전통적으로 지방이 많은 육류요리에는 꼭 사용하는 향신료였다. 즉 돼지고기
나 지방이 많은 생선요리 등에 사용하였고, 양고기, 햄, 닭고기, 채소요리에도 잘 어울
리는 향신료이다.

✳ Juniper

주니퍼는 작고 연한 청색의 뾰족한 잎을 가진 관목으로서 이것의 향기는 불어오는 바
람을 타고 대지를 덮을 만큼 강한 향을 가지고 있다. 이것은 유럽을 통해서 북유럽과 아
시아 그리고 남아메리카까지 폭넓게 퍼져 있다. 잎사귀 사이에서 작은 열매는 초여름
에 달리며 열매에는 암수가 있다. 수열매는 노란색을 띠고, 암열매는 푸르스름한 색깔

을 띤다. 이 중에서 암열매가 익어서 살이 통통하게 쪄서 3년이
지난 것을 수확해서 서서히 말리면 색깔이 청색에서 검푸른
색 즉 보라색이 되는 것이다. 향기가 좋기 때문에 음식물을
마리네이드하는 데 많이 사용한다. 사우어크라우트, 사슴고
기, 산토끼 등을 요리하기 전 와인과 함께 절임할 때와 쇠고
기와 돼지고기 스터핑 등에 사용하며 살짝 부셔서 사용하면 향
기가 더욱 좋다.

* Rhubarb

재배하는 루바브는 뿌리로 심으며 마치 나무와 같이 키가 크
게 자란다. 속은 섬유질로 채워졌고 표면은 검붉은색을 띤다.
긴 줄기에 붙은 잎은 크고 포도 잎과 비슷하며, 유백색의 꽃
은 초여름에 긴 꽃대를 가지고 핀다. 루바브는 씨앗으로 발
아하지만 더욱 쉬운 방법은 뿌리를 나누어 심는 것이다. 루
바브 줄기의 맛은 신맛을 내지만 설탕과 함께 졸임을 하면 젤
리와 같은 질감을 갖고 맛도 좋다. 이렇게 해서 제과 또는 제빵에 가니
쉬로 사용한다. 또한 대장운동을 활발하게 도와주지만 많은 양의 산을 함유하고 있기
때문에 한번에 많은 양을 섭취할 수 없으며, 잎에는 농축된 수산(蓚酸)이 함유되어 있기
때문에 그냥 먹을 수 없다. 말려서 가루로 만든 루바브는 위장과 대장장애에 약으로도
사용한다.

* Sorrel

영국을 포함한 유럽 대륙과 아시아 야생의 풀숲에서 자라
며 미국에서도 자생한다. 꽃송이가 줄기를 이루어서 연중
피며, 잎은 시금치와 비슷한 모양을 하고 있고 맛은 신맛이
난다. 수프, 샐러드, 소스 등에 사용한다.

* Clove

클로브 나무는 열대기후의 해안지방에서 번성한다. Clove의 원산지는 'Moluccas'섬으로 알려져 있지만, 오늘날 Clove 무역의 중심지는 'Zanzibar'이다. 상록수로서 잎은 월계수 잎을 닮았으며 꽃봉오리는 진분홍 색깔이지만 꽃이 피면 노란색의 꽃잎과 많은 수의 꽃수술이 있다. 꽃이 피기 전에 꽃봉오리를 따서 햇볕에 갈색이 될 때까지 말린다. 이렇게 말린 클로브는 강한 향기가 나는 오일을 함유하고 있다. 향이 강하기 때문에 수프, 소스, 스톡 등에 사용할 때는 어느 것보다도 사용량에 주의해야 한다.

* Vanilla

바닐라는 긴 씨앗주머니를 가진 열대 난(蘭)의 일종으로 이것은 16세기경 남아메리카의 스페인 사람이 처음 유럽으로 가져왔지만, 이것을 재배하기 시작한 것은 19세기 중반 식물의 인공수정이 개발된 이후였다. 덩굴식물인 바닐라는 다른 식물이나 나무를 감고 높이 올라간다. 흰 꽃이 피면 연두색의 씨주머니가 달리며, 이것을 익기 전에 수확해서 검은 갈색이 날 때까지 말린 다음 바닐라에서 추출한 맑은 바닐린으로 살짝 커버하여 건냉소에 보관한다. 이 향기로운 씨주머니는 전통적으로 멕시코의 원주민인 아즈텍족에 의해 초콜릿음료와 달콤한 후식이나 얼음과자 등에 사용되었었다. 바닐라는 에센스로 만들어서 사용하기도 한다.

후추(Pepper)의 종류

후추는 인도와 아시아의 열대림에서 야생의 덩굴로 자라며, 부드러운 나무와 같은 덩굴은 6미터까지 기어오르듯이 자란다. 인도네시아, 브라질, 인도, 말레이시아 마라바 연안이 원산지이며, 익지 않은 열매를 건조한 것으로 심미작용과 방부작용 및 교취작용이 있어 폭넓게 사용되어 왔다. 독특하게 스며드는 향과 얼얼한 매운맛을 지니고 있으며 햄, 소시지 등의 육가공에는 중요한 원료이며 피클, 채소, 고기스파이스, 채소스파이스, 샐러드드레싱, 프랑크소시지 등에 이용되고 있다.

그러나 경작기술로 약 3m 정도로 길러서 수확하고 있다. 잎은 타원형으로 검푸르며 작고 흰 꽃송이가 길게 핀다. 열매는 처음에는 파란색이고 점점 익어갈수록 오렌지색에서 빨간색으로 변한다.

Pepper Black(Ground)

모든 육류의 잡냄새를 제거하고, 어류의 비린 맛을 없애주며, 흰빛이 나지 않는 음식의 기본 조미료이다. 풍미를 더욱 좋게 하려면 페퍼밀을 사용하여 즉석에서 갈아서 사용하는 것이 좋다.

Pepper Black(Whole)

후추가 완전하게 익은 후에 수확한 것으로 풍미가 강해서 육류나 채소류의 절임과 육수를 만들거나 육류를 삶을 때 사용한 후에 제거한다.

Pepper White(Ground)

청후추를 따서 말린 것으로 풍미는 검은 후추보다 적지만 흰색의 소스, 수프 등에 사용하므로 모양을 더욱 좋게 할 수 있다.

푸아그라의 종류

푸아그라(foie gras)는 크리스마스와 연초에 프랑스에서 먹는 음식으로, 전채요리(오르되브르)의 대표적인 요리가 푸아그라이다. 프랑스에서도 알자스 지방이 대표적인 푸아그

라의 산지이고, 오래전에 알자스 지방으로 이주한 유대인이 거위와 오리를 키우다가 자연스럽게 만든 요리이다.

좀 더 정확한 발음은 휘아그라(foie gras)라고 하는데 이것은 '비대한 간'이란 뜻으로 거위나 오리에게 강제로 사료를 먹여 간을 크게 만드는 것이다. 양질의 단백질, 지질, 비타민 A 등의 영양소를 지니고 있다.

전채요리, 수프요리, 육류요리에 쓰이는데 블랙베리버섯, 코냑, 포트와인, 젤리 등과 각종 향신료를 가미하여 굽거나 찌고 튀기는 방법 등이 있다.

푸아그라는 직역하면 비대한 간이라는 뜻으로 옥수수 등의 먹이를 억지로 많이 먹이고 운동은 시키지 않아 비대해진 거위의 간을 일컫는다. 원재료인 거위의 간은 알자스와 페리고르 지방이 유명하며 스트라스부르에서 생산되는 것을 최고급으로 여긴다.

푸아그라 Whole(홀: 간을 그대로 조미한 것), Block(블록: 캔이나 Jar-유리병에 담긴 블록상태의 것), Cream(크림 : 푸아그라의 함량퍼센트에 따라 가격이 달라짐)이 판매되며 또 하나 더욱 맛있는 재료인 트뤼플(Truffle)을 넣어 만든 푸아그라 블록도 있다.

육안으로 구별할 수 있는 좋은 상품은 베이지색에 엷은 장미 빛깔이 나는 제품을 골라야 하며, 맛으로는 풍부한 버터향, 부드러운 느낌이 나는 것이 좋다.

또한 단백질, 지질, 비타민 A와 E, 칼슘, 구리, 망간, 철, 코발트, 인 등 인체에 꼭 필요한 영양소가 풍부한 프랑스의 대표적 건강식이기도 하다.

푸아그라는 캐비아(철갑상어 알), 트뤼플(서양 송로버섯)과 함께 서양의 3대 진미 중 하나로 꼽히는데 캐비아와 트뤼플이 자연이 준 선물이라면 푸아그라는 인간이 스스로에게 준 선물이다. 즉 자연상태의 거위간이 아닌, 섬세하고 다양한 숙성과정을 거쳐 만들어지는 것이다. 푸아그라는 그 품질에 따라 a, b, c 세 등급으로 나누어지며, a등급의 푸아그라는 부드러운 맛과 버터와 같은 느낌이 일품이다.

유럽 국가별 요리의 특징과
음식문화

서양조리의 주류를 이루었던 각 국가별 음식의 특징과 문화를 알아보기로 한다.

1. 그리스 음식문화와 특징

1) 그리스 음식의 역사

기원전 5세기 중엽까지 그리스의 부자와 가난한 자의 식사는 근본적으로 크게 다르지 않았다. 부자들은 물을 덜 마시고 포도주를 좀 더 마셨으며, 염소나 양고기 또는 돼지고기를 더 자주 먹었고, 사슴, 토끼, 자고새, 개똥지빠귀 같은 사냥감들로 메뉴가 다양했을 따름이다. 그러나 고대 그리스 사회는 시골이나 도시나 모두 주로 옥외생활을 했기 때문에 그 주방은 매우 간소했다. 아침과 저녁의 가벼운 식사는 옥외에서 또는 식탁의 모퉁이에서 했으며, 보다 실질적인 저녁식사도 그와 마찬가지로 격식을 차리지 않은 것이었다. 문학의 전통에서 매우 소중하게 다루어지고 있는 향연이나 연회는 일종의 만찬회였는데, 그날 밤의 진정한 관심사인 담화와 주연이 시작되기에 앞서 신속히 식사를

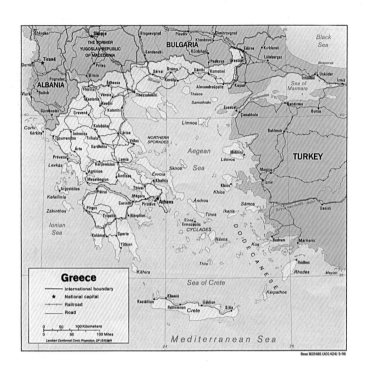

끝냈다.

　부자와 가난한 음식의 대조는 전성기 아테네에서 매우 두드러지게 나타났다. 그 도시는 장엄함, 그 지적인 명성에 대한 자기만족과 그것을 지나치게 의식하는 오만의 중심지가 되었는데, 이러한 정신상태가 그리스의 부엌에서 아무런 반향을 일으키지 않았을 리가 없다.

　그리스에서 제일 먼저 요리에 관한 책을 썼으며 자칭 '섞어 만든 요리'의 발명가는 기원전 4세기경의 아르케스트라토스이다. 역사적 기록에 의하면 그는 허황된 미식가들의 긴 계보에 나타난 최초의 사람으로, 그의 고급 요리에 대한 저작들은 일상적인 식사의 실체를 성공적이면서 모호한 음식이 많이 만들어지게 했다.

　아르케스트라토스 이후 수십 년이 지나자 아테네인들의 입맛은 더욱 이국적이 되었다. 과식으로 죽은 돼지를 진미로 간주했고 젖은 곡식을 먹여서 고생하며 살찌운 거위를 즐겼다. 부잣집의 정원에서 사육되던 진기한 공작의 알이 최고급품이었고, '여우거위'의 알은 그 다음, 달걀은 멀찍이 떨어진 3위 정도였다. 닭은 기원전 5세기경에는 지중해 연안에서 흔히 볼 수 있었으며, 대부분의 아테네인들은 집에서 닭을 길렀으므로 달걀이 미식 순위에서 다소 낮은 평가를 받은 것 같다.

5세기 후반의 펠로폰네소스전쟁은 아티카를 황폐화시켰다. 아테네 시의 성곽 안에서는 소포클레스, 에우리피데스, 아리스토파네스 같은 이들이 천재적인 작품을 남긴 반면 성곽 밖에서는 마을들이 파괴되고 농작물들이 황폐화되었다. 이러한 전화로부터 회복되기란 몹시 힘든 일이었으며 최악의 경우에는 불가능한 일이었다. 새로 심은 포도나무로부터 상당한 수확을 얻는 데는 3~4년이 걸리며 올리브나무의 경우에는 30년이 걸린다. 마침내 이 시기를 전후해서 그리스의 소농들은 다른 여러 나라의 많은 농부들이 그래왔듯이 투기꾼에게 전답을 팔고 시골을 떠나 확실치 않은 피난처인 도시로 향했다.

음식문화의 양극화 아테네

부자와 가난한 사람이 먹는 음식의 대조는 전성기 아테네에서 매우 두드러지게 나타났다. 그 도시는 장엄함, 그 지적인 명성에 대한 자기만족과 그것을 지나치게 의식하는 오만의 중심지가 되었는데, 이러한 분위기가 식생활에도 영향을 미쳤던 것이다.

---

2) 그리스 음식문화 형성의 배경

고대 건축, 조각, 시와 산문 등 서양예술의 발판이 된 그리스는 옛날부터 요리 역시 예술로 분류해 요리사를 예술가로 대접해 왔다. 덕분에 고대로부터 발달한 그리스 요리는 지중해 음식의 기초가 되었다고 해도 과언이 아니다.

그리스는 기독교(그리스정교)의 나라인 만큼 그 식습관이 종교에 관련된 계율을 가지고, 단식에 의한 특별 메뉴가 현재도 존재한다. 매년 8월 1일부터 15일까지 단식에 의하여 올리브유, 물고기, 고기, 달걀, 치즈 등이 금지되고 부활제에도 마찬가지이며 변칙적인 단식을 하고 있다. 특히 부활제까지의 1주간의 단식은 올리브유나 어육도 먹지 못하게 할 정도로 엄격하고, 부활 바로 앞의 금요일은 예수 수난의 날이기에 주부들은 부엌에도 들어가지 않고 하루 종일 교회에 나가서 렌스(Lens)콩을 먹는다.

계절별로 겨울에는 오렌지가 많이 생산되며 가을에는 포도, 무화과, 땅콩, 아몬드 등이 많이 난다. 또 여름에는 멜론, 수박 등이 생산된다. 여름이 건조하고 산악지역이 많은 특성 때문에 그리스에는 가축의 경우 양과 염소의 사육이 많고 육류도 양고기가 많다. 돼지고기 역시 소비가 많은데, 쇠고기는 상대적으로 비율이 낮다. 치즈 역시 양젖으로 만든 훼타치즈가 그리스 대표 치즈로 유명하다. 또한 종교의 영향을 받은 음식문화는 연극을 통해 알 수 있는데, 연극의 비극을 지칭하는 트라고이다아(영어 Tragedy)가 원래는 '산양의 노래' 또는 '희생양'의 노래를 기원으로 하는 것을 보면 단순한 연극관람이 아니고 농업의 신 또는 와인의 신인 '디오니소스'에게 제사를 올렸다는 것을 알 수 있다. 이처럼 양고기는 무척 신성시되는 음식이었고 우리가 사용하는 희생양이라는 말도 여기서 유래되었다고 한다.

그리스에서 유명한 것이 올리브와 포도주인데 이 둘도 오래전부터 전해져 온 그리스의 고유 음식문화 중 하나이다. 또한 그리스음식은 유럽과 동양의 음식문화가 조화를 이루어 끓이고 튀기는 조리법이 많고 주로 토마토와 올리브를 요리에 많이 사용하여 건강에 도움이 되는 요리 방법을 이용한다.

3) 그리스 요리의 특징

눈부시게 빛나는 태양과 푸른 하늘 아래서 맛보는 그리스 요리는 올리브유를 많이 사용한 것이 특징이다. 샐러드에까지 올리브유가 잔뜩 들어간다. 무사카(Mousaka)는 감자, 돼지고기, 가지를 구운 것으로 그리스 스타일의 라자냐라고 불리며, 수블라키(Souvlaki)는 양고기, 생선, 양파를 꼬치구이한 것이며 돌마데스(Dolmades)는 포도나무잎에 고기와 쌀을 가득 채운 것이다. 수주카키아(Souzoukakia)는 쌀을 넣은 미트볼에 토마토·레몬·달걀·소스를 넣은 요리다. 그리스식 햄버거인 Donersouvlakia도 먹어 보도록 한다. 토박이들이 많이 모여 있고 부주키 음악이 흘러 나오는 타베르나(Taverna)에 들어가 보면 마시는 것이 중심이 되는 집과 먹는 것이 중심이 되는 집이 있다. 닭고기 구이를 파는 가게에 들어가 수블라키 등의 소박한 맛도 즐겨보고 양고기 치즈나 솔을 넣은 와인, 레티나도 그리스에서만 먹어볼 수 있는 음식들이다. 또한 지중해성 기후로 그리스인들은 이탈리아 사람들처럼 토마토를 즐겨먹고, 신의 선물이라고 하는 올리브나 올리브유를 듬뿍 사용한다.

그리스 음식의 특징

① 음식을 만들 때 지나치다 싶을 정도로 모든 요리에 올리브유를 사용한다.
② 식사 때마다 과일과 채소를 풍성하게 섭취한다.
③ 생선을 주 2회 이상 먹고, 고기류는 주 1회 정도 먹는다.
④ 식사할 때 포도주를 거의 매일 한두 잔 정도 마신다.

2. 네덜란드의 식생활문화와 요리의 특징

네덜란드인들은 대체로 대식가나 미식가 계열에는 끼지 못하지만 그들만의 독특한 음식문화를 이루고 있으며, 네덜란드는 농업이 뒤늦게 발달하여 음식문화가 그렇게 발달하지 못했다. 그러나 네덜란드에서 생산되는 하우다(Gouda) 치즈는 세계적으로 유명하며 요구르트 등의 유제품이 잘 발달되어 있다. 첨가물이 들어 있지 않은 플레인 요구르트는 보통 1리터 포장으로 판매되며 요구르트와 푸딩의 중간쯤 되는 플라(Vla)는 기호에 따라 과일, 초콜릿, 캐러멜 등을 넣어 먹기도 한다. 감자가 주요리로 많이 사용되며, 특히 으깨서 각종 소스나 다른 재료를 넣은 감자요리를 좋아한다. 여기에 단골로 등장하는 것은 헬더란트 훈제 소시지(Gelderse Rookwoorst)로 헬더란트 주에서 유래한 것이다.

네덜란드 음식 가운데 특색 있는 것으로 북해근해에서 잡히는 청어요리가 있는데 이를 해링(haring)이라고 한다. 청어도 빼놓을 수 없는 주식 가운데 하나이다. 그다지 크지 않은 청어의 머리 부분을 자르고 속을 발라낸 다음 소금에 절인 날음식인데 꼬리 부분을 손으로 잡고 고개를 뒤로 젖힌 다음 몸통 방향을 입에 넣어 잘라먹는 게 정석이다. 양파 다진 것을 청어 배의 갈라진 부분에 넣어 먹거나 식빵 사이에 넣어서 먹기도 한다.

새끼청어를 식초·설탕·올리브오일에 절여 빵과 함께 먹기도 한다.

올리볼(Olie-bol)이라는 음식은 밀가루를 우유·설탕과 함께 섞어 둥글게 반죽하여 기름에 튀긴 요리다. 아침과 점심은 빵·치즈·버터·커피를 먹고 네덜란드에 의해 식민화되었던 인도네시아인들은 거꾸로 그들의 음식문화를 네덜란드에 전했다. 인도네시아 음식은 이미 알려져 있던 중국 음식과 조화를 이루며 전국 곳곳에 식당을 이루기도 했다. 나시고렝(Nashi Goreng : 볶음밥), 바미고렝(Bami Goreng : 볶은 국수), 룸피아(Loempia : 빵의 일종), 사테(Sate : 맵게 양념한 땅콩버터 소스의 고기꼬치), 삼발 올렉(Sambal Oelek : 인도네시아 고추장) 등은 오늘날 네덜란드인의 식탁에도 자주 등장하는 대중적인 음식이 되었다. 슈퍼

올리볼

마켓에 가서 완제품 스파게티 소스를 산다면 어느 제품에나 인도네시아 고추장이 들어 있다.

네덜란드의 별미 요리로 '파넌쿡(pannenkoek)'이라고 부르는 팬케이크 요리도 있다. 달 걀으로 반죽한 밀가루를 프라이팬에 얇게 구운 것인데 시럽이나 당분 또는 다양한 토핑을 올려서 먹는다. 그 밖의 편의식으로 '빠타트(patat)'라고 부르는 굵게 채 썬 감자튀김, 튀김옷을 입힌 생선튀김, 고기로 만든 크로켓(kroket) 등이 있다. 그리고 인도네시아를 식민지로 가지고 있던 영향으로 인도네시아의 음식문화가 생활 깊숙이 자리 잡고 있다.

네덜란드 요리의 특징

네덜란드 음식은 뚜렷한 특징이 하나 있다. 그것은 다른 유럽 국가들과는 달리 아시아 음식을 즐겨 먹는다는 것인데, 인도네시아가 한때 네덜란드의 식민지였기 때문에 인도네시아 요리가 퍼진 것도 그 때문이고 네덜란드의 슈퍼마켓에 가면 중국, 인도네시아, 일본, 인도 등 아시아의 차, 식품 등을 손쉽게 구할 수 있으며 동네마다 중국식 식당 하나쯤은 있기 마련이다. Lompia(롬피아 : 숙주와 고기를 넣은 큰 만두 같은 것, 튀김) 같은 중국음식이 보편화되어 있고, 우리나라 슈퍼마켓에서 흔히 볼 수 있는 숙주나물, 콩나물, 간장, 두부 등은 네덜란드에서도 즐겨 먹는 식품이다.

네덜란드 요리는 비교적 소박한 편으로, 주로 수프와 스튜를 곁들인 스테이크, 치킨 또는 생선이 주 메뉴다. 특히 드넓은 평원에서 공급되는 고기와 우유, 치즈는 맛도 좋고 신선해 인기가 높다. 바다와 인접해 있어 어패류도 다양하고 푸짐한데, 매년 5월이 되면 청어가공요리를 파는 가게가 거리 곳곳에 들어선다. 얇게 썬 양파를 곁들인 청어요리는 네덜란드인들이 즐겨 먹는 요리 중 하나이다. 겨울 음식으로 사랑받는 명물요리는 에르텐 수프(Erwtensoep)와 쌀을 주원료로 육류, 생선 등을 곁들인 인도네시아 요리 레이스타펠(Rijstafel)이 있다. 식사와 함께 하면 좋은 음료로는 네덜란드의 맥주 하이네켄과 레모네이드가 있다.

네덜란드는 독일, 벨기에와 인접해 있으며 바다 건너 영국과도 인접해 있다. 이는 주변국들의 음식문화와도 관련이 있다. 한마디로 네덜란드는 세계의 모든 음식문화를 받아들여 아주 다양한 음식을 즐기고 있다.

3. 독일의 식생활과 음식문화

1) 독일인의 식생활문화

독일인의 식습관의 발달과정은 지역과 사회 계층에 따라 크게 차이가 나기 때문에 일반적이고 전형적인 발전 궤도를 그려낸다는 것은 쉬운 일이 아니다. 게다가 독일인들은 특히 이웃국가들의 식습관을 모방하면서 자신들의 것을 정립했다고 보기 때문에 독일인의 식습관과 문화의 변천과정을 이웃 유럽 국가들의 식문화와 분리해서 다루는 것은 힘드는 일이다. 따라서 절대주의 시대의 궁정 귀족들의 식습관이 처음에는 부르주아 계층에서 시작하여 점차 일반 민중에게 퍼져 나갔다고 보는 엘리아스의 테제에 맞춰 절대주의 이전의 식생활과 절대 군주 및 귀족들의 생활터인 호프의 식생활과 산업혁명기의 요리와 식습관이 구분된다. 독일의 요리하면 누구나 따끈따끈한 소시지나 푹 삶은 감자

등을 떠올리게 된다. 물론 요리는 이 밖에도 많은 종류가 있지만, 이 두 가지의 요리는 소박하고 서민적인 요리로서 독일의 운치와 독일인의 정서를 느낄 수 있다.

독일인의 음식은 자연의 맛을 중요시하여 만들고 있다. 햄이나 소시지는 끈기를 내기 위해서 다른 고기를 넣지 않으며, 착색제나 화학조미료 등도 일체 사용하지 않고 있다. 그러므로 지나치게 이것저것 손을 대어 뒤섞지 않고, 주재료의 맛을 살린 요리를 좋아하는 것이다. 그러므로 독일음식은 대부분 소박하거나 단순하다고 한다. 또한 음식을 담을 때 큰 접시에 여러 가지 음식을 담아 남기지 않고 깨끗이 먹는 습관을 지니고 있다. 이는 평소 정갈하게 먹는 식습관이 환경의식에서 비롯된 것이라 할 수 있다.

2) 식사예절

① 식사할 때 소리내지 않고 조용히 음식을 먹는다.
② 식사 중 코는 풀어도 이해하지만 트림을 해서는 안된다.
③ 식사는 인원에 맞춰 준비하므로 고기는 한 덩어리씩 가져다 먹고 감자나 채소는 많이 먹어도 된다.
④ 식사할 때 가급적 말을 삼가고, 식사가 시작되면 가능한 빨리 먹는다.
⑤ 주요리를 먹을 때 고기를 미리 썰어 놓지 말고, 먹을 때마다 조금씩 썰어 먹는다.
⑥ 자신이 먹을 만큼 덜어 접시에 남기지 않도록 한다.

3) 독일인의 식습관

독일에서는 하루에 한 번만 따뜻한 음식을 먹는 것이 독특하다.

독일음식을 대표하는 몇 가지 아이템은 돼지고기, 소시지, 사우어크라우트(Sauer Kraut : 양배추를 절인 백김치 스타일의 음식), 흑맥주와 화이트와인 등이다.

독일 사람들은 돼지고기와 소시지를 많이 먹고, 감자를 제외한 채소 섭취는 적고, 물 대신 맥주를 많이 마시며, 음식 맛은 형편없는데 시고, 짜고, 게다가 달기까지 한 것으로 알려져 있다.

4) 독일인의 음식문화

독일요리의 특징은 라드(lard : 돼지 지방을 정제한 반고체의 기름)를 쓰는 방법에 있다. 18세기경까지의 독일은 기후와 지리적 조건이 식생활에 크게 영향을 끼쳐, 겨울철에는 채소류가 결핍되어 마른 콩이나 양배추, 오이 등을 소금 절임하여 보존하였고, 소와 돼지 등의 사료도 부족하여 이들의 고기를 햄, 소시지 등 보존이 가능한 것으로 가공하는 기술이 발달되었다. 또 사슴, 멧돼지, 산토끼, 그 밖의 야생동물의 요리가 많은데, 냄새를 없애기 위해 술에 1주일간 담그거나 베이컨을 넣거나 여러 가지 향신료를 쓰는 등의 조리법을 쓴다.

독일음식의 역사적 변천 역시 지역적 차이에 의해 다양하게 나타난다. 로마의 역사가 타키투스는 그 당시 로마에 온 게르만족 조상들의 음식을 일컬어 단순하고 빈약한 음식이라 했는데, 그 당시 게르만인들은 오트밀과 거친 빵, 치즈, 사냥한 짐승들을 먹었다고 한다. 그러나 게르만족이 로마에 정착한 후 식생활은 크게 변화했다. 기독교를 받아들이며 예술, 일상생활, 식생활 등에 큰 변화가 일어났는데, 로마의 영향으로 금·은제품의 용기를 사용했으며 식기가 대단히 화려해졌다고 한다.

중세에 이르러서는 독특한 음식을 먹기 시작했는데, 고기를 꼬챙이에 끼워 굽고 양념한 소시지, 훈연한 육류, 염장한 어류, 꿀 케이크 등을 만들어 먹었다. 안식일에는 생선으로 식사를 하고 음료는 역시 맥주, 사과술, 우유 등을, 부자는 와인을 마셨다. 그리고 이때부터 수도원의 수사나 수녀들은 알코올 음료를 만들어 마시기 시작했다고 한다. 르네상스 시대에 와서는 식품이 더욱 다양해졌고, 생선이나 소, 조육류는 특별히 사육을 해 생산량이 증가하게 됐다. 주방의 기구들도 다양해졌으며 식탁의 그릇이나 기구가 화려해졌고, 음식에 대한 새로운 관습도 많아졌을 뿐 아니라 요리책도 많이 출간됐다고 한다. 1700년대에 들어와서는 새로운 형태의 식생활 형식이 정해졌고, 비로소 프랑스의 영향에서 벗어나게 됐다. 작은 잔에서 큰 머그잔으로 바뀌었고, 부드러운 케이크 대신 굴이 들어간 단단한 케이크를 먹었다. 가난한 가정에서는 집에서 만든 맥주와 단단한 빵, 베이컨, 콩과 덤플링 등으로 배를 채웠다. 제1차 세계대전 이후 독일공화국의 탄생으로 귀족들의 호화로운 음식문화는 종말을 고했고 식생활이 대체적으로 매우 검소해졌다. 전통적인 요리를 첫 번째로 꼽을 수 있는데, 소시지, 아이스바인이라 불리는 돼지 허벅지살 요리, 경단, 감자 샐러드, 슈페뷔 빵, 사우어크라우트, 그리고 흑빵이 이 범주에 속한다. 이 요리는 독일의 춥고 습한 날씨를 견디게 해준다. 독일에는 가금류, 버섯, 민물고기, 달콤한 버찌, 온갖 열매, 딸기, 녹색 채소, 다닥냉이, 콩류, 양상추들이 풍부한데, 이 풍부함은 세상 어느 나라에서도 찾아보기 어렵다. 정확함을 좋아하는 독일인의 성격은 요리에도 그대로 반영되고 있다. 독일인에게 건강식이 있다면 이는 바로 감자이다. 한국에서의 무처럼 독일에서는 이 감자를 가지고 셀 수 없이 다양한 음식을 만들고 있다. 다양한 감자전과 감자경단이 있는데, 특히 감자경단은 독일을 대표하는 음식 중 하나인 사우어브라텐과 함께 먹는다. 사우어브라텐은 말 그대로 시큼한 맛이 나는 구운 쇠고기인데, 거의 나흘 동안 붉은 포도주에 담갔다가 약한 불에 천천히 익혀낸 음식이다. 이외의 또 다른 감자음식은 감자 팬케이크인 카르토펠푸퍼른과 감자샐러드가 있다. 감자샐러드는 따끈하게 나오는데, 주로 베이컨과 함께 먹는다. 주식 요리에 감자가 같이 나오지 않았다면, 거의 대부분 슈페빨레가 이를 대신해 나왔을 것이다.

또한 음식을 남기지 않고 정갈하게 먹었다. 이것은 그릇을 세척하면서 발생하는 환경오염을 줄이겠다는 뜻에서이다.

(1) 지역별 음식문화

유럽 중부에 위치하고 있는 독일은 지방자치국가이다. 이러한 특성은 독일음식에도 그대로 나타나 있다. 각 지방마다 먹는 법이 다르고 즐기는 음식도 같지 않다. 그들이 가장 즐기는 음식인 소시지와 맥주도 지방마다 조금씩 혹은 많은 차이를 보이고 있다. 지방색을 중시하는 독일에서는 요리에도 지방색이 농후하여 라인 강을 경계로 대충 나누어 각양각색의 그 지방 특유의 요리들이 있다. 동부독일은 파프리카와 캐러웨이 등 강한 향신료를 많이 사용하며, 라인 강 유역의 서부지역은 와인이 많이 나며 다른 지방에 비해 양념이 강하지 않은 것이 특징이다. 북부지역 독일은 스칸디나비아 반도의 영향과 바닷가가 가까운 지형적 조건으로 청어 등의 생선과 어패류 요리가 풍부하다. 남부지역은 전반적으로 기름기가 많은 육류요리가 많은 편이다. 소시지와 맥주, 감자를 이용한 요리가 다른 지역에 비해 많아 우리가 일반적으로 생각하는 독일요리에 가장 가까운 지역이다.

(2) 독일음식의 특징

독일음식은 자연의 맛을 중시하는 소박하고 서민적인 요리로서 독일의 운치와 독일인의 정서를 느낄 수 있다.

① 감자와 소시지는 독일인의 주식

② 주재료의 맛을 살린 요리를 좋아한다.

③ 물 대신 맥주를 마신다.

④ 육류요리를 즐긴다.

⑤ 단맛이 강한 백포도주를 마신다.

(3) 독일의 지역별 요리

① 북부지역 : 스칸디나비아 반도의 영향으로 어패류 및 해산물요리가 풍부하며 특히 청어와 같은 생선을 많이 먹는다.

② 동부지역 : 파프리카와 캐러웨이 등의 강한 향신료를 많이 사용한다.

③ 남부지역 : 육류요리가 발달했으며 소시지와 맥주, 감자를 이용한 요리가 다른 지역에 비해 많아 우리가 일반적으로 생각하는 독일요리에 가장 가깝다.

④ 독일의 소시지와 햄 : 독일의 햄과 소시지는 우리의 김치와 같은 그래서 보통의 독일 가정이라면 식탁에 하루도 빠지지 않고 늘 오르는 음식이다. 독일의 경우 소시지를 먹을 때는 미국이나 우리나라처럼 빵에 끼워서 핫도그로 즐기는 경우는 거의 없고, 대신 소시지 자체의 맛을 즐기는 편이다. 독일 소시지는 모양과 재료도 무척 다양해서

물에 삶아 먹는 것, 오븐에 굽는 것, 날로 먹는 것 등 조리방법도 제각각이다. 모양도 새끼손가락처럼 가는 것에서부터 어른 팔뚝처럼 굵은 것, 막대기처럼 생긴 것, 순대처럼 생긴 것 등 다양하다. 주로 겨자를 잔뜩 찍어서 먹지만 만드는 단계부터 카레가루나 고유의 향신료로 미리 양념한 것들도 있다. 다른 나라 소시지에 비해 간이 세기 때문에 반찬처럼 소시지를 한 번 먹고, 빵 한번 뜯고 하는 식으로

먹는 방법이 일반적이다. 또한 독일 소시지는 고장마다 특산물이 있다고 할 정도로 종류가 많다(대략 1,500가지).

5) 소시지의 종류와 구분

소시지란 부스러기 고기를 소금에 절인 후 향신료를 섞어 반죽한 다음, 가축의 창자나 둥근 틀에 채워놓고 익힌 것으로 소시지는 종류별로 뷔르스트(Wurst), 슁켄(Schinken), 스펙(Speck), 살라미(Salami) 등으로 구분되고, 지방별로는 바이에른 방식과 슈바르츠 방식 등으로 나눌 수 있다. 대표적인 것은 프랑크푸르터(Frankfurter)인데, 돼지의 붉은 살코기에 파슬리나 향신료를 넣은 것이다. 이 소시지나 각종 요리에는 반드시 매시드포테이토와 사우어크라우트라는 식초에 절인 양배추가 곁들여 나온다. 독일 정육점에서는 원하는 만큼 얇은 조각으로 썰어주거나 덩어리째 팔기도 한다. 또한 스펙은 베이컨으로 잘 알려진 기름 뺀 돼지고기이다.

소시지는 수분함량에 따라 드라이와 도메스틱으로 나누어지는데 드라이 소시지의 대표적인 것이 살라미이다. 도메스틱 소시지는 뷔르스트로 대표되는데, 우리가 일반적으로 알고 있는 소시지가 바로 이 종류이다. 제조방법은 우리의 순대 만드는 방식과 매우 비슷하다. 내용물과 양념에 따라 뷔르스트의 종류도 굉장히 다양한데, 우리나라에서 맛볼 수 있는 것은 바이에른 지방의 대표적 소시지인 바이스뷔르스트(Weisswurst : 물에 삶아 먹는 흰 소시지)와 뉘른베르크소시지, 튀링겐 지역의 굽는 소시지(Brautwurst), 프랑크푸르트의 물에 데워 먹는 소시지도 유명하다. 슁켄은 쇠고기나 돼지고기, 칠면조 등의 살코기를 덩어리째 익혀 훈제 가공한 것이다.

6) 적절한 소스와 곁들여야 제맛

맥주와 소시지를 먹을 때 빠질 수 없는 것이 소스이다. 보통 서양겨자라고 하는 머스터드 소스를 독일에서는 젠프(Senf)라고 하는데, 바이에른 지방의 흰 소시지를 먹을 때는 쥐스젠프(Suss senf)라고 하는 달짝지근하고 작은 알갱이가 있는 새콤한 소스와 같이 먹여야 제맛이다. 또한 소시지와 함께 '독일 사람들은 물 대신 맥주를 마신다'는 말을 한 번쯤 들어봤을 것이다. 이 말은 어느 정도 사실이나 그렇다고 해서 어린 아이들까지 모두 우리가 냉수 들이켜듯 맥주를 수시로 마셔 댄다는 얘기는 물론 아니다. 하지만 독일에선 적어도 맥주를 기호품이나 술이라는 이미지가 아닌 식품으로 간주한다. 우리가 생수를 사먹듯이 일부 여자들이나 아이들을 제외한 보통의 독일 사람들은 맥주를 그렇게 마시는 것이다. 세계에서 가장 맥주를 많이 마시는 독일 사람답게 독일에는 맥주와 관련된 독특한 문화가 많다.

독일에는 거리거리마다 '비어가르텐(Bier Garten)'이라는 맥주집이 있는데, 그곳은 맥주 한 잔을 걸쭉하게 들이켜 흥에 젖는 매우 서민적이며 일상적인 공간이다. 맥주집이라고는 하지만 술집이라기보다는 온 가족이 함께하는 식당이나 문화공간적인 성격이 강하다. 그래서 그곳에 가면 알코올이 없는 맥주를 마시는 아이들이나 여럿이 모여 얘기를 나누는 노인들의 모습도 심심찮게 볼 수 있다.

7) 독일맥주의 특성

독일맥주가 유명한 이유는 일단 그 순도 때문이다. 맥주 애호가에게는 독일이 천국과 같은 곳이다. 맥주의 종류만도 7,000여 가지나 된다니, 아무리 맥주를 좋아하는 독일 사람이라도 그 많은 맥주를 종류별로 다 마셔보는 것은 불가능하다. 독일에는 우리나라의 OB나 하이트같이 전국 어디에서든지 사 마실 수 있는 상표의 맥주는 별로 없기 때문이다.

독일맥주는 오로지 '엿기름, 호프, 효모, 물' 이 4가지만으로 빚는다. 독일에서는 맥주 양조방식이 1516년 이래 법으로 정해져 있는데(순도유지법), 이 법에 의하면 호프, 물' 맥아의 순수 자연원료 외에 방부제 같은 화학물질을 첨가하면 위법이라고 한다. 이외에는 티끌만한 첨가물도 넣지 않는다. 이것이 독일맥주의 비결이다. 독일의 수도원은 오늘날 독일맥주가 형성되는 데 실질적인 공헌을 한 주역이다. 종교와 술이 어울리지 않아 궁금한 생각이 들 수도 있지만, 수도사들에게서 맥주는 빵 대신 먹는 영양분이었다. 종교상의 이유로 단식을 많이 하던 그들은 단식기간에 영양분을 보충해 줄 무엇인가가 필요했고 그것이 맥주였던 것이다.

8) 돼지고기 요리

독일인의 대중적인 돼지고기 요리로는 포크촙 (Porkchop, 독일어로는 Schweine-bratelett)과 오븐에 구운 돼지고기(Schweinebraten)가 있다. 이외에 돼지 넓적다리를 오븐에 구운 슈바인스학세 (Schweinshaxe), 식초와 소금 그리고 향료와 함께 삶은 아이스바인(Eisbein)이 가장 대중적인 음식이  다. 시장성이 좋은 돼지고기는 7~8개월 때 도살된 떡갈나무 열매를 먹고 자란 어린 돼지의 고기로, 핑크색이나 맑은 붉은색을 띠는 육질이 맛이 좋고 부드럽다. 돼지고기를 독일인만큼 좋아했던 민족도 없을 것이다. 전 세기를 통해서 돼지는 살아 있는 예비식량이었고, 감식력 있는 하나의 쓰레기 처리 시스템이었다.

(1) 아이스바인(Eisbein)

독일에서는 고기를 맥주로 요리하는 방법이 많은데 뼈를 제거하지 않은 돼지 다리살에 미리 소금간을 하여 1시간 30분 정도 맥주에 푹 삶은 돼지족발로 자극적인 향신료를 약간 친 후 슬라이스해서 내온다. 물이 아닌 맥주에 삶은 탓에 고기향도 좋고 육질은 더 부드러워진다.

이외에도 Grillhaxe(맥주를 바르면서 구운 돼지족발)도 있으며, 송아지 다리로 슈바인스학세처럼 만든 것을 칼프스학세(Kalbshaxe)라고 하며, 겨울철에 독일을 여행하면 방목하는 돼지 다리로 만든 빌트슈바인스학세(Wildschweinshaxe)를 내놓는 식당도 많이 볼 수 있다.

독일인들의 고기요리는 가정에서 삶거나 조리는 것이 보통이며, 돼지고기나 쇠고기 때로는 토끼고기의 덩어리에 우선 기름으로 표면을 잘 구운 다음에 스파이스(향료)를 넣고 푹 조린다.

(2) 슈바인스학세(Schweinshaxe)

독일어로 돼지 허벅지 또는 골반이라는 뜻인데, 태어난 지 6개월 미만의 아기돼지를 잡아서 수증기에 찌거나, 아니면 불에 구워서 내놓는 요리로 독일 전통 소시지나 햄을 곁들여 먹기도 한다. 돼지고기 슈바인스학세(Schweinshaxe)는 뼈를 제거하지 않은 돼지 다리살에 소금을 비벼 소금기가 살짝 배게 한 다음 이를 용기에 담아 그 위에 끓는 물을 1/4리터 붓고 예열한 오븐에 넣어 2시간 정도 구워낸 요리다.

9) 빵

독일 전국에 걸쳐 400가지의 다양한 빵 그리고 약 1,200가지의 작은 제과품목들이 있다. 빵은 독일인의 주식으로 대개 빵 위에 다른 재료를 바르거나 올려 먹는다. 버터를 이용하는 것이 가장 기본적이며 가장 간단한 방식이다. 제과업체들은 무한한 종류의 빵을 만들 수 있다. 밀가루와 곡류를 그들이 원하는 비율로 사용할 수 있다. 호밀과 밀의 혼합물은 독일의 다양하고도 기본이 되는 많은 조리법의 전형이 된 것이다.

* 브뢰첸(Broechen)
프랑스의 바게트처럼 겉은 딱딱하지만, 밀가루, 효모와 물 이외에는 다른 첨가물이 들어가지 않는다.
* 쿠헨(Kuchen)
다양한 종류의 독일식 케이크이다.
* 토르테
먹기 아까울 정도로 예쁘다. 페스트리 제조업자들은 정제된 혼합물과 장식에 모든 종류를 생각해 냈는데 이는 소위 예술작품이라 할 만하다.

* 팬시케이크

가장 유명한 팬시케이크는 Schwarzw Ider-Kirsch-Torte이다.

* 페스트리

독일 제과점에서 소량으로 생산되며 신선할 때 최상의 맛이 난다. 대부분 퍼프 페스트리나 페스트리 반죽으로 만들어지지만 몇몇 현명한 제과업자들은 빵 반죽이나 케이크 잔여물 등으로도 만든다.

10) 감자

16세기 말 독일에 감자가 들어와 독일 음식에서 빠질 수 없는 식재료 중 하나가 이 감자이다. 그러나 그 당시에는 주로 정원에서 우물가의 예쁜 장식용 식물로 재배되었다. 독일 음식에서 감자요리는 곁들이 메뉴로 취급하는 것이 아니라 빵처럼 당당한 주식으로 자리매김하고 있다. 요리방법은 대개 가루로 만들어 요리에 쓰이기도 하고, 매시드 포테이토나 프라이드 포테이토로 하거나, 삶은 후에 버터를 듬뿍 넣어 굽거나, 크네델이라는 야구공만한 덩어리를 만들어 고기요리와 함께 먹기도 한다. 그 외에도 통으로 구워낸 통감자구이, 얇게 썬 감자부침 등 다양한 편이다.

11) 독일의 와인

오랜 역사를 갖고 있는 독일 포도주는 자연스런 과실 맛, 낮은 알코올 함량, 단맛과 신맛의 균형, 종류의 다양성 등으로 유럽에서뿐만 아니라 전 세계적으로 사랑을 받고 있다.

독일의 대표음식

* Schnizel A La Holstein

'위너스니츨' 요리 위에 에그 프라이를 얹고, 앤초비 다진 것과 케이퍼를 토마토소스에 곁들여서 소스로 사용하고, Beets root를 새콤달콤하게 하여 함께 제공한다.

* Thueringer Bra Twurst

송아지고기 또는 돼지고기로 만든 전통적인 독일 소시지로 다른 소시지보다 맛이 강하고 직접 팬에다 익히며, 적포도주로 절여서 익힌 적채와 독일식 수제비라 일컫는 'SPATZLE'와 함께 제공한다.

* Junge bratente A La Salzburg

특별히 귀족들을 위해 마련한 로스팅한 어린 오리고기로, 뼈를 제거하고 껍질의 지방을 거의 제거하여 바삭하게 구워서 귀빈들의 입맛에 맞게 만든 요리다. 오렌지 소스와 적포도주 적채를 함께 제공한다.

* Kassler Pippchen

염지한 돼지고기 등심을 훈제한 다음 삶아 사우어크라우트와 바바리안식 브레드덤플링을 곁들여 제공한다.

* Rouladen

두 쪽의 최상급 쇠고기에 고급 머스터드(Dusseldorf Loewensenf)를 발라서 구운 다음, 바삭하게 구운 훈제 베이컨과 버터를 발라서 구운 양파, 버섯 소스와 포테이토 팬케이크, 애플 소스를 곁들인다.

* Hasenpfeffer

적포도주로 마리네이드를 한 야생 토끼요리로 스튜를 한 다음 소스를 농축시켜서 위에 뿌리고 포테이토 완자와 구운 사과를 곁들인다.

* Hirschbraten

사슴고기를 얇게 썰어 적포도주에 마리네이드한 후 물기를 제거하고 팬에 버터를 넣고 볶은 다음 진한 갈색 소스를 첨가하여 익힌다. spatzle와 오렌지를 잘라서 장식을 한다.

4. 러시아의 음식문화와 특징

러시아 요리는 지역마다 차이가 있지만 일반적인 식단은 전채, 수프, 따뜻한 요리, 후식, 음료수 등으로 나눌 수 있다. 전채로는 각종 차가운 육류, 철갑상어 알인 캐비아, 청어 절임에 채소 샐러드가 곁들여지며, 포도주나 보드카와 같은 알코올 음료도 함께 제공된다. 수프로는 양배추를 넣어서 끓인 쉬와 쉬에 토마토를 넣어 붉게 물들인 보르쉬와 잘게 썬 고기와 채소를 듬뿍 넣은 솔랸카, 생선을 우려낸 우하 등이 있다. 따뜻한 요리로는 쇠고기를 크림소스로 끓인 비프 스트로가노프, 양고기를 구워서 만든 샤실리크 등이 있다. 후식으로는 아이스크림이나 각종 파이, 케이크와 잼을 곁들인 홍차 등이 나온다.

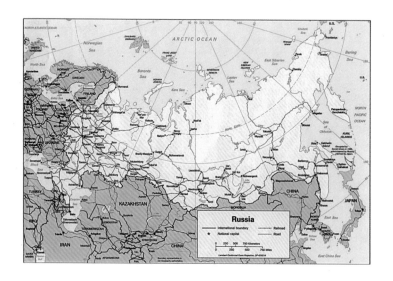

1) 러시아의 다양한 음식문화와 특징

광활한 땅을 가진 러시아에서는 각 지방마다 다양한 민족요리를 맛볼 수 있다. 피로슈키(빵종류)와 보르쉬(수프), 비프 스트로가노프(고기요리), 그리고 우크라이나의 명물인 키예프식 커틀릿(고기요리, 주로 닭고기), 코카서스의 샤실리크(양고기에 양념하여 쇠꼬챙이에 꽂은 다음 숯불의 김으로 익힘), 중앙아시아의 플로프(고기, 채소, 밥이 들어 있는 볶음밥) 등 다양한 요리문화가 있다.

러시아 요리의 특징으로는 가공식품이 거의 없다는 점이다. 러시아 요리는 비교적 시간과 수고가 많이 든다.

레스토랑에서 수프를 먹을 때도 이것을 정성들여 만든 음식이라는 것을 잊지 말아야 한다. 또한 러시아 요리에서 스메타나(sour cream)는 약방의 감초이다. 러시아식 전통 소스인 스메타나는 마요네즈와 비슷한데 드레싱 대신 사용하고 있다. 스메타나는 만능 소스로 많은 러시아 요리에 첨가되는데, 이 스메타나를 홍당무로 만든 수프 '보르쉬'에 섞으면 깨끗한 분홍색을 띤 크림 같은 수프가 되며, 러시아 전통 핫케이크인 '블린느이'에 바르면 산뜻한 오르되브르(전채)가 되기도 한다. '주리엥'이나 '비프 스트로가노프'에 화이트 소스를 곁들이면 러시아다운 문화적 색채와 맛을 즐길 수 있다.

2) 러시아의 지역별 음식 특성

(1) 솔랸카

솔랸카는 토마토 소스와 고기로 끓인 수프이다. 고기로 국물을 내거나 혹은 생선으로 국물을 내는데, 러시아 특유의 향료들이 들어가서 독특한 맛이 난다. 대부분 작은 도자기 모양의 그릇에 주는데, 먹는 동안 계속 뜨거움을 유지할 수 있다. 솔랸카는 샤실릭과 더불어 한국인들이 가장 즐겨 찾는 러시아 음식이다.

(2) 보르쉬

보르쉬는 고기 국물에 감자와 당근, 양파를 넣고 스뵤클라(빨간무)로 붉게 색깔을 낸 수프이다. 취향에 따라 좋아하는 고기로 국물을 낸다. 러시아인들은 겨울에는 따뜻하게, 여름에는 차게 해서 보르쉬를 즐긴다. 스메타나는 반드시 첨가하는데, 스메타나가 빨간 수프에 첨가되면 예쁜 분홍색으로 변한다.

(3) 뺄메니

뺄메니는 러시아 전통 만두요리이다. 만두 크기가 작지만 내용물에 고기만 넣고 껍질이 두껍고 쫄깃쫄깃한 것이 특징이다. 고기 냄새를 없애기 위해 내용물에 러시아 특유의 풀을 섞는다. 뺄메니는 푹 삶아서 스메타나나 마요네즈와 함께 먹는다.

(4) 샤실릭

샤실릭은 코카서스 음식으로 샴프론(길다란 쇠꼬챙이)에 절인 고기와 채소를 꽂아서 숯불에 구워 먹는 음식이다. 원래는 양고기로 만들었지만 돼지고기나 닭고기 심지어 연어나 수닥(러시아 어류)을 꽂아 먹기도 한다. 러시아인들이 여가시간에 야외로 나가서 먹는 대표적 음식이다. 야외에 나가 자연 속에서 숯불고기를 먹으면 그 맛이 일품이다.

(5) 쌀란까

러시아의 대표적 가정요리의 하나로 고기, 감자, 양배추, 생선, 향신료를 넣어 요리하며 우리나라의 육개장과 비슷하여 얼큰한 맛이 난다.

(6) 블린느이

블린느이는 러시아 핫케이크인데, 반죽에 러시아 특유의 유제품인 케피르를 첨가해서 쫄깃쫄깃한 맛을 낸다. 블린느이는 둥글고 얇은 핫케이크에 연어알, 잼, 치즈, 스메타나, 햄, 고기 등을 넣어서 먹는다. 블린느이는 러시아 사람들이 가장 좋아하는 식품 중에 하나로 길거리에서 간단히 허기를 채우거나 식사 때 자주 먹는다. 최근에는 블린느이 전문점이 많이 생겨서 성업 중이다.

(7) 보드카

보드카는 무색무취이지만 40도로 강한 술이다. 러시아 보드카는 80

여 종이 있는데, 추운 겨울 동안 러시아인들을 따뜻하게 해주는 친구이다. 러시아인들은 굵은 생파나 양파와 함께 혹은 소금에 절인 기름덩어리와 함께 보드카를 마신다. 상트페테르부르크에 있는 보드카 박물관에서 다양한 보드카를 시식할 수 있다.

(8) 마로제노예(아이스크림)

러시아에서는 유지방이 듬뿍 들어 있는 '마로제노예(아이스크림)'를 맛보기 바란다. 길모퉁이나 키오스크에서 판다. 러시아인들은 겨울에도 남녀노소를 불문하고 마로제노예를 즐긴다.

(9) 우하

신선한 생선, 양파, 파슬리, 양배추를 넣어 삶은 음식으로 쌀, 채소, 콩을 곁들여 먹는다고 한다.

(10) 줄리엔

스메타나(러시아 전통 소스)를 넣어 끓인 것으로 채소를 곁들여 먹으면 맛있다고 한다.

(11) 케피르

케피르는 러시아 특유의 유제품으로 떠먹는 요구르트와 비슷하나 더 발효되어 신맛이 강하고 걸쭉하다. 케피르는 소화를 촉진시켜 변비에 특히 좋다. 러시아 사람들은 케피르를 우유처럼 마시거나 잼과 섞어서 마신다. 딸기 맛, 멜론 맛, 바닐라 맛 등 여러 가지 종류가 판매되고 있다.

(12) 크바스

러시아 특유의 갈색 청량음료로 아주 오래전부터 마셔왔다. 호밀이나 보리의 맥아를 원료로 해서 효모 또는 발효시킨 호밀빵을 넣어 만든다. 제조법이 비교적 간단하기 때문에 러시아 가정에서도 손쉽게 만들어 마신다. 최근에 도시에서는 전문 공장에서 대량 생산하여 여름철에는 크바스 전용 탱크차가 다니면서 길거리에서 판매하기도 한다.

(13) 흑빵

흑빵은 러시아인들의 주식으로 호밀이 주원료이다. 호밀은 러시아의 한랭하고 척박한 땅에서도 잘 자랐고 이를 원료로 한 검은 빵은 영양이 많다고 하여 러시아인들에게 늘 사랑받아 왔다. 러시아의 검은 빵은 다른 유럽 등지의 검은 빵보다 더 찰지고 신맛이 나는 것이 특징이다. 게다가 종류도 다양해서 호밀로만 만든 흑빵과 곡식을 섞은 흑빵, 딱딱한 흑빵, 부드러운 흑빵 등 여러 가지를 맛볼 수 있다. 처음에 약간 시큼한 맛이 입에 안 맞을 수도 있으나 한번 그 맛에 빠지면 다시는 흰 빵을 찾지 않을 것이다.

5. 스위스의 음식문화와 요리의 특징

스위스의 정식 명칭은 스위스연방으로 인구는 약 740만 명이며, 면적은 남한의 절반 면적인 4만 1,284㎢이다. 스위스는 유럽대륙의 중앙에 있어 외국문화가 끊임없이 유입되고, 3대 문화권의 언어가 사용되어 다채로운 문화가 형성되었다.

1) 스위스의 음식문화

스위스는 독일, 프랑스, 이탈리아 문화의 영향을 받아 지역별로 각각 다른 향토요리들이 발달되었다. 스위스는 식생활문화가 소박해서 쉽게 구할 수 있는 몇 가지 재료만을 이용해서 음식을 만든다. 서민적인 소탈함과 따뜻함이 풍기는 것이 스위스 음식문화의 특징이라 할 수 있다.

2) 유제품(치즈)의 발달

스위스에서 가장 대표적인 것은 치즈요리로 치즈를 끓인 후 빵에 발라먹는 퐁뒤가 널리 알려져 있다. 국토의 60%를 차지한 알프스 산맥에서 방목 등을 통해 유제품(특히 치즈)이나 육류요리를 발달시켰다.

3) 스위스 치즈 퐁뒤의 종류

(1) 퐁뒤

퐁뒤에는 치즈 퐁뒤(Fondue Fromage/Cheese Fondue), 퐁뒤 보르가뇽(Fondue Bourguignonne), 퐁뒤 시노이즈(Fondue Chinoise), 비프 퐁뒤(beef Fondue) 등이 있다.

김치와 같이 다양하지는 않지만 크게 나누면 우리가 일반적으로 퐁뒤라고 하는 치즈 퐁뒤(fondue au fromage)와 치즈를 녹이지 않고 만드는 미트 퐁뒤(부르기뇽식 퐁뒤 ;

fondue bourguignonne)가 있다. 치즈 퐁뒤는 에멘탈이
나 그뤼에르 치즈를 사용하여 화이트와인을 녹인 후에
빵을 찍어 먹는 형태로 우리나라에 비유하자면 김치는
배추김치라는 공식처럼 치즈 퐁뒤는 퐁뒤의 대명사라고
할 수 있다.

퐁뒤

반면 미트 퐁뒤(퐁뒤 부르기뇽)는 치즈를 녹이는 대신
뜨겁게 데운 기름에 생쇠고기 조각을 넣고 익혀서 여러
가지 소스를 찍어먹는 것으로, 이것은 프랑스의 버건디
지방에서 유래되었다. 이것 또한 서민들의 애환을 말해
주는 요리이다.

치즈 퐁뒤는 금방 굳어버리기 때문에 약한 불에서 계속 데우면서 먹어야 한다. 기름
에 열을 가한 후 고기나 해산물, 채소, 버섯 등을 튀기고, 몇 가지 소스 중 하나를 골라
찍어먹는 오일 퐁뒤 요리는 온도가 중요한데 빵을 떨어뜨렸을 때 30초 정도 안에 노릇
노릇하게 익는 정도의 온도라고 보면 된다. 스탁 퐁뒤는 아시아에서 유래된 퐁뒤라고
할 수 있다.

(2) 퐁뒤와 초콜릿

식생활문화의 특성에 따른 스위스 고유의 치즈
종류만 무려 150여 가지에 달한다. 퐁뒤(fondue)
는 긴 꼬챙이에 음식을 찍어 그것을 치즈 녹은 것
이나 소스에 담갔다가(찍어) 먹는 음식을 가리킨
다. 퐁뒤는 점점 더 다양한 형태로 발달하게 되었
고, 지금은 굉장히 많은 종류의 퐁뒤가 있다. 2~3

종류의 치즈를 백포도주로 녹여, 가늘고 긴 포크 끝으로 작게 찢은 빵을 찍어 치즈를 얹
어 먹는 요리로 지역에 따라 섞는 치즈나 배합이 다르며 각각 그 맛에 따라 특징이 다르
다. 소화를 도와주는 백포도주를 같이 마시면 좋다. 수프를 가열한 다음, 쇠고기나 돼지
고기 등 얇게 썬 고기를 수프에 한 번 담갔다가 몇 가지의 소스에 찍어 먹는다. 즉 스위
스풍 샤브샤브라 할 수 있다. 전통적으로 남녀가 함께 퐁뒤를 먹다가 냄비에 음식을 떨

어뜨린 사람이 여자일 경우에는 남자에게 키스를 해주고, 남자일 경우에는 다음 번 식사 때 와인을 사는 풍습도 있다.

초콜릿 하면 스위스가 떠오를 만큼 다양한 종류의 초콜릿이 판매되는 스위스는 특유의 정밀하고 세심한 솜씨로 맛 좋고 모양도 예쁜 초콜릿을 만들어내 지금까지도 전 세계에 잘 알려져 있다. 초콜릿은 개발초기에는 마시는 쓴 음료였는데 우유를 첨가한 밀크초콜릿이 만들어지고 처음으로 혀에서 녹는 초콜릿이 만들어졌다. 또 초콜릿 퐁뒤의 시초가 되기도 했다. 식사 초대를 받았을 때 방문할 집의 여주인에게 포장하지 않은 꽃을 선물하는 것이 관습이다. 너무 일찍 가거나 너무 늦게 가지 않는다.

6. 영국의 음식문화와 특징

영국은 위도는 높지만 따뜻한 북대서양 해류의 영향으로 비교적 온난하다. 따라서 아주 춥거나 더운 날은 없으나 하루에도 햇빛과 소나기가 교차하는 변화가 심한 해양성 기후를 보인다. 남부는 경작에 적합하여 목축업이 발달하여 양고기가 육류의 급원이 되었고, 소시지나 베이컨의 형태인 돼지고기와 가금류의 섭취도 일반적이었다. 섬나라인 덕분에 생선요리와 생선의 가공ㆍ저장기술이 발달하였다.

영국이 세계 각국의 음식을 즐길 수 있는 것도 런던의 매력이라 할 수 있다. 환경적 요인을 잘 적용하며 전통음식의 장점을 살리면서 세계 각국 요리의 좋은 맛들만 골라냈다고 할 수 있다. 특히 런던은 외식을 즐기기에 가장 좋은 도시 중 하나이다. 런던 시내에만도 6천여 개에 이르는 레스토랑이 있어 스시, 불고기, 스파게티에서 애프터눈 티(Afternoon Tea)에 이르기까지 다양한 음식을 접할 수 있다. 또한 영국식 주점인 퍼브(Pub)나 고상한 레스토랑, 선술집에서 음식을 즐길 수도 있고 하이드 파크에서 피크닉을 하면서 먹을 수도 있다. 외식공간인 레스토랑은 휴식과 놀이공간으로서의 역할을 하기도 하는데, 정글 분위기로 장식한 레스인포레스트 카페, 세계 유명 스타들과 그들의 의상을 구경할 수 있는 플래닛 할리우드, 베이비 루스 오어 풋볼(Baby Ruth's or Football)과 같은 스포츠 카페도 있다.

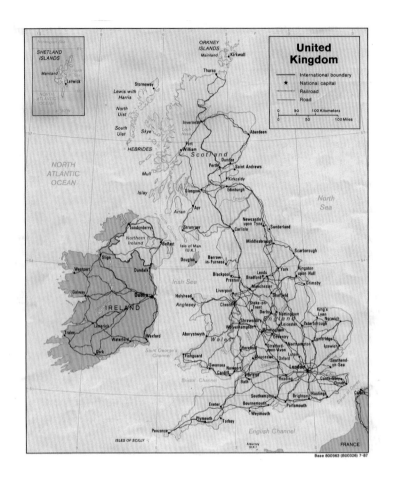

1) 영국인들의 식습관

영국인들은 보통 하루에 4번의 식사(아침, 점심, 티타임, 저녁)를 하는데, 아침식사와 오후의 차를 마시는 것은 아주 전형적인 영국의 식사법으로, 유럽인들이 아침식사를 간단히 하는 것에 비해 영국인들은 일을 하기 위해서는 아침을 든든히 먹어야 한다는 이유로 꽤 거창한 아침식사를 한다.

점심식사는 주로 두 코스로 구성되는데 메인 코스와 후식이다. 후식은 주로 푸딩종류를 먹는데 이는 과일이 흔하지 않고 값이 비싸기 때문이다. 점심식사를 정찬으로 먹는 경우 저녁은 서퍼(Supper)로 먹고 점심을 두 코스로 가볍게 런치로 먹은 경우 저녁은 디너(Dinner)로 먹는다.

또한 영국인들은 자연스러움을 강조하여 음식 자체의 맛을 중요시하기 때문에 삶거나 오븐에 익히는 조리법을 주로 사용하고, 향신료를 많이 사용하지 않는다. 육류를 가볍게 양념해서 굽거나, 익힌 후 우스터 소스(앤초비, 식초, 간장, 마늘, 각종 향신료를 섞어 만듦)를 뿌려 먹는 정도이다.

비 오는 날이 많고 안개가 자주 끼는 등 적합하지 않은 날씨로 인해 과일의 생산량이 적고, 오히려 서늘한 기후 때문에 감자 농사가 발달해서 팬케이크, 튀김, 으깬 감자 등 감자를 이용한 음식이 발달했다.

또한 영국은 섬나라이기 때문에 해산물이 다양하다. 그래서 굴과 세계 제일이라고 하는 스코틀랜드산 연어, 넙치로 만든 '피시 앤 칩스'라는 생선과 감자튀김이 아주 유명하다. 영국 음식문화에서 빼놓을 수 없는 것의 하나가 차문화이다. 먹는 것보다 마시는 문화가 더 발달했다고 표현하기도 한다. 식민지로 통치하던 인도의 영향을 받아 차문화가 발전하게 되었으며, 주로 실론티나 인도식 차를 마신다. 영국의 전통 음식으로는 로스트 비프가 가장 유명한데, 지방이 많은 쇠고기를 오븐에 구운 것에 겨자소스를 곁들이는 요리로 오크셔 푸딩을 얹어 먹는다.

피시 앤 칩스

2) 영국 음식문화의 특징

영국은 하루 식사 중 아침식사(English breakfast)를 든든하게 하며, 티타임을 매우 중시하는 나라로 ① 과일주스, 시리얼, 베이컨과 달걀, 치즈, 여러 가지 햄이나 ② 소시지와 달걀프라이, 훈제 청어와 토마토 등의 음식을 먹는다.

목축업이 발달하여 낙농제품이 매우 다양하며 특히 달걀은 그들의 아침식탁에서 빼놓을 수 없는 식품이다. 또한 크림과 요구르트 종류도 매우 많다.

차와 어울리는, 베이킹파우더를 사용하여 만든 비스킷 종류인 스콘에 지방이 매우 많은 크림(devonshire)이나 약간 발효된 크림 혹은 농후크림, 마멀레이드나 잼 등을 발라 섭취한다.

이렇듯 아침은 푸짐하게, 저녁은 간단하게 섭취하는 영국 음식문화는 크게 세 가지의 특징으로 요약할 수 있다.

첫째, 푸짐한 아침식사

바쁜 일과로 인해 영국은 이웃 나라들(프랑스, 이탈리아, 스페인 등)처럼 긴 점심시간을 갖는 것이 힘들었다. 때문에 '리퀴드 브레드(Liquid Bread : 맥주를 넣어 빵을 발효시킨 방식)'로 점심을 대신하거나 간단한 샌드위치로 섭취하는 경우가 많았으므로 아침식사는 배를 거뜬하게 채우고 하루 일과를 시작했다. 이들의 아침식사는 '잉글리시 브렉퍼스트(English Breakfast)'라는 말을 세계적 메뉴로 탄생시켰을 정도로 상당히 근사하고 맛있다.

유럽 최고로 치는 영국식 아침식사는 보통 과일 주스부터 시작하여 소시지, 베이컨, 달걀, 토스트 등이 기본으로 나온다. 여기에 구운 토마토나 시리얼이 추가로 나오는 경우도 있고, 커피나 홍차가 곁들여진다.

둘째, 티(Tea) 문화의 발달

영국은 식민통치를 했던 중국과 인도에서 차문화를 흡수해 전 세계적으로 퍼뜨린 장본인이다. 요즘은 커피로 인해 조금은 줄어들었지만 아직도 적지 않은 영국인들이 하루에도 대여섯 번씩 차를 마신다. 식수뿐만 아니라 식사와 식사 사이에 간단한 허기를 채우기 위해 스콘이나 샌드위치, 비스킷 등의 먹거리를 곁들여 레몬홍차를 즐겨 마신다.

셋째, 자연스러움이 돋보이는 요리방식

자연스러움을 강조하여 음식 자체의 맛과 향을 중요시하므로 남부 이하의 유럽 여러 나라들에서와 같이 향신료를 제한하고 식재료의 향과 맛을 강조한다. 소금과 후추만으로 간한 후 오븐에서 통째로 구워 잘라, 육즙으로 만든 그레이비 소스를 끼얹어 먹는 고기 종류가 많다. 육류는 알맞게 잘라 가볍게 양념을 한 후 주로 굽거나 볶아서 조리하며 우스터 소스(worcestershire sauce; 앤초비, 식초, 간장, 마늘, 각종 향신료를 섞어 만듦)를 고기 위에 뿌려 먹기도 한다.

영국은 기후조건이 다양해 과일이나 채소가 자라기에 적합하지 않으므로 주로 재배되는 감자가 거의 대부분의 요리에 등장한다.

그 외에 단맛이 강한 파이나 간을 세게 하여 만든 짭짤한 파이 등 다양한 파이류를 즐겨 섭취한다. 차와 같이 먹는 푸딩, 커스터드, 파이 등이 발달한 나라이다.

영국 음식문화에 대한 올바른 이해와 아직도 간간이 찾을 수 있는 전통음식들을 맛보았다면 영국음식이 맛없다는 생각은 안 할 수도 있을 것이다. 대부분의 전통음식들은 명절 때 가정이나 변두리 시골에 위치한 퍼브에서 맛볼 수 있으며, 근래에는 고급 전통 레스토랑들도 생겨나고 있는 추세다. 또한 목축업이 성하였으므로 낙농제품이 발달하였으며, 조미료를 거의 사용하지 않으며 먹을 때 입맛에 따라 소금이나 후추 등의 향신료나 겨자를 뿌려 먹는다.

영국식 아침정식 코스

제1코스 : 오렌지주스, 자몽 반쪽, 큰 잔으로 커피나 차, 둘 다 우유와 함께 제공
제2코스 : 우유에 넣은 콘플레이크, 오트밀이나 수프
제3코스 : 주요리인 메인코스로 달걀요리와 햄, 베이컨, 치즈 혹은 토마토, 버섯, 감자, 소시지
　　　　　 등을 곁들이기도 한다.
제4코스 : 훈제 청어나 양의 콩팥으로 만든 요리 등
제5코스 : 토스트와 마멀레이드, 잼 등

---

3) 베이킹파우더로 부풀리는 빵 : 쇼트브레드

영국의 빵은 주로 베이킹소다를 이용하여 부풀리므로 공정이 간단하고 빵이나 케이크, 쿠키, 크래커 등을 통칭하여 '비스킷'이라는 단어를 사용한다.

스코틀랜드식의 쇼트브레드(short bread)는 버터가 많이 들어가는

달짝지근한 비스킷으로 유명하다.

4) 영국의 대표음식

영국의 음식 하면 Fish & Chips를 빼놓을 수가 없다. 사실 영국 음식으로 널리 알려진 다른 요리는 없는 듯하다. 미국의 거대한 햄버거 문화가 영국으로 들어오면서 작은 구멍가게 위주의 Fish & Chips가 밀리는 경향이지만 아직도 많은 사람들이 즐기고 있다. Fish & Chips를 파는 곳을 Chippy라 부르기도 하며, 아무리 작은 동네라도 하나 정도는 있다. 모든 것이 비싼 영국에서, 싸고 맛있게 먹을 수 있는 음식 중에 하나가 바로 Fish & Chips이다. 생선에 튀김가루를 입히고 감자를 길게 썰어서 기름에 튀긴 요리이며, 다른 여러 가지 재료가 필요하지 않다. 중요한 것은 생선이 싱싱해야 한다는 것과 적당한 시간 동안 튀겨야 한다는 것이다. 특히 감자는 튀기는 시간을 잘 맞추어야지 요리가 덜 된 감자튀김은 설익은 밥을 먹는 것과 같다.

7. 이탈리아의 음식문화와 특징

1) 이탈리아 음식문화의 형성배경

(1) 자연과 식생활문화의 환경

이탈리아는 북쪽의 알프스 산맥을 경계로 프랑스, 스위스, 오스트리아 그리고 북동쪽의 유고슬라비아와 국경을 접하고 있다. 프랑스 남부, 스페인, 포르투갈, 모로코 등과 더불어 지중해 문화권에 속한다. 이탈리아는 북위 36~47도에 걸쳐 있으나 추운 산악지역을 제외하고는 일년 내내 온난한 지중해성 기후이다. 대부분 사람들은 라틴계의 이탈리아인이며 북부에는 독일과 프랑스계의 소수민족이 살고 있다. 이탈리아인이라곤 하지만 순수 로마인들의 후예는 아니다. 일찍부터 세계국가로 발전해서 오래전부터 혼혈이 계속되어 왔다. 여유와 탄력적 사고를 지닌 이탈리아인들은 요리를 함에 있어서도 고정된 틀에 얽매이기보다는 자유로움을 추구한다.

로마제국 시대 이후 음식으로 유명한 이탈리아는 비옥한 토양에서 과일, 채소, 허브와 향신료가 풍부하게 생산되고 지중해에서는 질 좋은 해산물들이 공급된다. 목축업이 성하였으므로 낙농제품이 발달하였으며, 조미료를 거의 사용하지 않으며 먹을 때 입맛에 따라 소금이나 후추 등의 향신료나 겨자를 쳐서 먹는다. 차와 어울리는 베이킹파우더를 사용하여 만든 비스킷 종류인 스콘(scone)에 지방이 매우 많은 크림(devonshire)이나 약간 발효된 크림 또는 농후크림 등을 발라 먹는다. 이 같은 자연의 풍요로움이 이탈리아의 요리를 유명하게 만들었고, 지역적 변화를 이루며 풍성한 내용을 갖게 되었다.

2) 이탈리아 음식의 특징

전 세계적으로 음식점 수가 많은 나라로 중국과 이탈리아를 꼽을 정도로 두 나라의 음식은 동·서양을 막론하고 많은 사람들로부터 사랑을 받아왔다. 이탈리아 음식은 동물성과 식물성 재료들의 이상적인 결합에 기초한 음식문화의 전통을 가지고 있다.

① 지방색이 뚜렷하다.

② 피자, 파스타는 이탈리아를 대표하는 음식이다.

③ 해산물, 유제품이 요리에 다양하게 쓰인다.

④ 올리브유가 다양하게 쓰인다.

3) 이탈리아의 지역별 요리

이탈리아는 한반도와 비슷한 지형인 삼면이 바다로 둘러싸인 긴 반도로 형성되어 북쪽은 쌀과 밀을 생산하고, 남쪽은 과일과 올리브를 생산하여 파스타와 올리브유를 이용한 요리가 많다. "이탈리아에 이탈리아요리는 없고, 향토음식만 있다"라는 말이 있듯이 이탈리아는 각 지방마다 특색이 뚜렷하다. 북쪽은 버터와 쌀로 만든 요리가 발달되었고, 남쪽지방은 올리브유와 파스타를 이용한 요리가 많다.

① 북부지방

북쪽지방은 리조토 등 쌀로 하는 요리가 발달되어 있고, 넓은 지형을 이용해서 방목하는 낙농업이 발달하여 버터, 치즈, 햄 등으로 만든 다양한 메뉴가 있으며, 버터를 이용한 크림소스와 이탈리아 식초라 불리는 발사믹 식초가 많이 사용된다.

피에몬테 지방 : 토리노를 중심으로 하는 프랑스 국경의 산간지방으로 특기할 만한 식재료는 알바지역에서 생산되는 트뤼플(truffle)로 얇게 썰어 생선 위에 올리거나 소스나 샐러드 위에 뿌리는 용도로 사용한다.

② 남부지방

남부지역은 땅이 비옥해서 농산물 경작에 유리하며 토마토, 고추, 감자, 양파, 레몬 등이 많이 생산되는데 모차렐라 치즈도 많이 생산되므로 이탈리아 피자의 기본인 나폴리 정통피자인 마르게타도 남부지역에서 만들어졌다.

(1) 향기의 마술사 허브

이탈리아는 각 지역마다 그곳을 대표하는 세계적인 파스타가 있다. 또한 이탈리아 요리에는 다양한 종류의 허브가 쓰인다. 허브는 음식에 향과 풍미를 더하기 위해 사용하는 식물을 말한다. 지역에 따라 차이가 있으나 이탈리아 요리에 사용되는 중요한 허브는 바질, 이탈리안 파슬리, 로즈메리, 오레가노, 민트, 세이지, 월계수 잎, 패널 등이다.

치즈 또한 유명하여 각 지역의 특성이 담긴 맛 좋은 치즈가 특색 있는 방법으로 가공 생산된다. 포도재배도 활발하여 질 좋은 포도주가 생산되고 있다. 이탈리아는 가공한 고기와 소시지로도 유명한데 프로슈토 햄과 젖먹이 돼지 새끼의 껍질로 싼 볼로냐 소시지인 모르타델라가 있다.

오레가노

(2) 프로슈토(prosciutto)

소금에 절였다가 공기 중에서 건조시킨 훈제하지 않은 이탈리아의 fresh ham. 얇게 썰어서 멜론이나 신선한 무화과와 함께 애피타이저로 제공된다.

이탈리아 사람들은 황새치에서 오징어에 이르기까지 갖가지 생선을 잡아서 생선튀김이나 토마토 소스를 곁들인 생선요리에 다양하게 사용한다. 특히 인기 있는 작은 대합조개는 어느 지역에서나 수프와 소스에 사용되며, 로마에서는 봉골레, 베네치아에서는 카페로졸리, 제노바에서는 아르셀세, 피렌체에서는 텔린 등으로 불린다.

(3) 성스러운 과즙 올리브유

가장 오랜 재배 역사(5천 년 전으로 추정)를 가진 과실나무 중 하나인 올리브나무는 고대 그리스에선 아테네 여신에게 제물로 바쳐졌다. 오래전부터 이 나무의 가지는 평화와 비옥(다산)의 상징이었다. 또 올림픽의 꽃인 마라톤 우승자는 지금도 이 잎으로 만든 관을 쓴다. 한국에서도 웰빙(Well-being)붐을 타고 올리브유의 인기가 높아지고 있다. 올리브유에는 올레인산이라는 단일 불포화지방산이 풍부하여 혈중 콜레스테롤치를 낮추고 심장병의 발병을 억제하는 효과가 있기 때문이다. 올리브유는 수많은 오일 가운데 유일하게 '신선한 열매를 압착한 유성의 주스'라는 말을 들어왔다. 대두유, 해바라기유, 면실유는 종자의 유분(油分)을 압착한 것이고, 옥수수유는 배아 부분을 압착한 것이다.

올리브오일은 독특한 방법으로 추출하는데, 콜드 프레싱 공법(cold pressing method)이다. 돌로 짓눌러 납작해진 올리브 열매를 거적으로 겹겹이 쌓아서 기름을 얻어내는 방법으로, 올리브오일에 가해지는 열이 직접 가열하는 것보다 훨씬 낮기 때문에 짜낼 수 있는 기름의 양은 적어도 품질이 뛰어나다. 전통방식에서 방법은 현대화되었지만 그 원리에 따르는 방법은 그대로 지켜지고 있다.

올리브유는 짜내는 단계에 따라 등급이 정해진다. 열매에서 처음 짜낸 산도(酸度)가 1% 미만인 '엑스트라 버진'이 최고급 제품. 녹색이 도는 금색을 띠며 맛이 깊고 풍부하다. '버진'은 엑스트라 버진에 비해 산도가 약간 높고(2%) 부드러운 맛을 낸다. '퓨어'는 가장 저급으로 정제과정을 거쳐 만드는데, 그러는 동안 색과 향이 사라져 무미, 무취이다. 이를 보강하기 위해 엑스트라 버진을 약간 섞어 만든다. 버진보다 맛이 부드럽고 색이 밝아 조리용 기름으로 쓰인다(산도는 3% 이하).

(4) 토마토(골드 애플)

토마토는 '황금의 사과'라 불리는데 색깔뿐 아니라 씹는 맛도 좋고 정력에 효과가 있는 식품으로 알려져 있다. 기온이 높은 계절에 건강 과채류로 손꼽히는 토마토의 원산지는 남미의 잉카인데, 16세기경 유럽대륙으로 건너가 이탈리아를 비롯한 지중해 요리에 빠른 속도로 수용되어 요리의 주재료가 되었다.

토마토는 한때 수난을 겪었다. 청교도혁명 후 크롬웰 공화정부는 토마토에 독이 있다고 소문을 퍼트렸다. 쾌락을 추구하는 행위는 모두 단죄했던 시기였기에 정력제인 토마토를 먹는다는 것은 사회분위기를 해칠 만한 일이었기 때문이다. 심지어 토마토 재배 금지령까지 내렸다고 한다. 영국에서는 아직도 토마토를 '러브 애플'이라 부르며 미국에서는 '울프 애플'이라 불리기도 한다.

이탈리아에서 생산되는 플럼 토마토는 과육이 알차고, 씨가 적으며, 풍미도 강해서 토마토를 으깨어 걸러서 농축시킨 토마토 퓌레나 그것을 소금과 향신료로 조미해서 또

한번 가공한 토마토 소스 등이 주로 토마토 가공에 쓰인다.

고기나 생선처럼 기름기 있는 음식을 토마토와 같이 먹으면 위장에서의 소화를 촉진시키고 산성식품을 중화시키는 역할도 하므로 일거양득의 효과를 얻을 수 있다.

토마토는 신진대사를 도와주는 비타민 C, 열량소의 대사를 돕는 비타민 B, 모세혈관을 강화하고 고혈압을 개선시키는 루틴, 두뇌활동을 좋게 하는 아미노산, 조혈에 필수적인 철분, 칼슘 등 영양성분을 고루 갖춘 식품이다. 또한 항산화작용이 베타카로틴의 2배나 되는 라이코펜(Lycopen)이 풍부하여 노화방지와 항암식품으로 각광받고 있다. 이탈리아에서는 '황금의 사과'로 불리고 있으며 토마토가 들어가지 않는 요리가 없을 정도로 많이 애용되고 있다.

(5) 메디치가(家)의 카트린(Catherine)

카트린

1533년 Medici가의 Catherine은 프랑스 왕과 결혼을 했다. 그녀는 그 시기 유럽에서 가장 세련된 요리법이었던 이탈리아 플로렌스의 요리법과 포크의 사용법을 프랑스에 소개한 것으로 유명하다.

16세기에 이르기까지 대부분의 유럽에서는 식사도구의 사용이 극히 제한되어 있었으며, 손가락으로 음식을 먹는 것이 일반적이었다. 포크는 10세기부터 비잔틴제국에서 식사의 중요한 도구로써 자리 잡고 있었으며 그 후 그리스를 거쳐 이탈리아에 소개되었다. 사람들은 고기를 썰기 위해 대부분 창 모양의 자그마한 다목적용 칼을 지니고 다녔고, 형편에 따라서는 옆사람과 공동으로 사용하기도 했다. 숟가락은 거의 사용되지 않았고, 18세기에 가서야 비로소 식탁용 포크와 칼을 대중적인 도구로 사용했다. 이탈리아의 경우 그 사용범위는 극히 제한되었지만, 모양의 화려함과 보석으로 장식한 호사스러움은 1518년 베네치아공국의 한 만찬에 참석했던 프랑스인 자크 르 사지(Jacques Le Saige)가 "여기에 참석한 분들은 식사할 때 고기를 잡기 위해 포크를 이용하고 있었다."고 감탄한 것처럼, 유럽의 다른 지역으로부터 선망의 대상이 되어왔다. 1533년 메디치 가문의 카트린이 프랑스로 시집가면서 자신의 요리사들과 모든 식탁 도구들을 함께 가져간 것을 계기로 프랑스에도 포크가 소개되었던 것이다. 그러나 포크의 사용이 대중적으로 확산되기까지는 약 1세기라는 시간이 필요했다. 포크가 널리 알려진 후에도 손가락으로 음식을 집어먹는 습관은 19세기 말까지 여전했다.

(6) 이탈리아 북부와 남부 음식문화의 차이

이탈리아는 로마를 경계로 북부지역과 남부지역으로 나뉘며, 두 지역 간에 음식문화의 차이가 뚜렷하다. 북부 음식은 남부보다 더 많은 버터, 유제품, 쌀, 고기를 사용하며, 남부는 올리브유, 아티초크(artichokes), 가지, 피망, 토마토 같은 채소를 많이 사용한다. 육류의 이용은 북부가 남부보다 많다. 양념류인 마늘, 파슬리, 바질(basil)은 이탈리아 전역에서 맛을 내는 재료로 사용되는 최고의 양념과 허브이다. 많은 사람들이 이탈리아 요리는 피자와 스파게티로 이루어져 있다고 생각한다. 그러나 이런 음식들은 이탈리아 남부 요리법의 일부분일 뿐이다. 이탈리아는 가리발디에 의해 통일국가로 성립하기 전까지 로마제국 시대를 제외하고는 여러 개의 작은 나라로 존재했다. 그러다 보니 각 지역마다 서로 다른 풍토와 역사를 바탕으로 독특한 음식문화 전통을 이어올 수 있었다.

파스타는 이탈리아 전역에 걸쳐 이용되는 음식인데, 북부에서는 밀가루에 달걀을 넣고 반죽하여 밀어서 말리지 않고 이용한다(pasta fresca). 즉 우리나라의 칼국수 만드는 법과 유사하다. 그러나 남부의 파스타는 일반적으로 세몰리나 밀가루(semolina)에 달걀을 넣지 않고 마카로니 같은 관모양(tube)으로 만든다(pasta secca). 세몰리나 밀가루는 단백질 함량이 많은 듀럼 밀(durum wheat)을 갈아 만든 것으로 연한 노란빛을 띤다.

북부의 파스타는 흔히 치즈와 고기로 속을 채워서 크림 소스를 얹지만(예 : 라비올리), 남부의 파스타는 속을 채우지 않고 토마토 소스를 곁들인다(예 : 스파게티 포모도로).

(7) 피자(Pizza)

피자는 나폴리에서 나왔고 16세기경에 시작되었다고 한다. 파스타와 피자는 다 같이 나폴리의 모레툼(moretum)에서 유래되었다고 한다. 모레툼은 밀가루 반죽을 납작하게 만들어서 벽돌화덕에 넣어 구워낸 빵으로 올리브와 식초에 담근 생양파와 함께 먹었다. 모레툼을 만들고 남은 반죽으로 파스타와 피자가 만들어졌다고 한다.

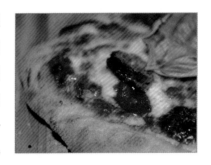

POINT

모레툼 ⇨ 라가노(Lagano) ⇨ 파스타(Pasta), 모레툼 ⇨피체아(Picea) ⇨ 피자(Pizza)

피자의 가장 고전적인 형태는 피자 나폴리탄(Pizza Napolitan)이라고 할 수 있는데, 이것은 토마토를 이용한 소스와 각종 채소를 혼합하여 둥글납작한 반죽에 얹어 벽돌로 만든 오븐에서 장작불을 지펴 구워낸다. 칼조네(calzone)는 피자 반죽에 치즈, 햄, 살라미, 소시지로 속을 채워 반으로 접어 굽거나 튀긴 것이다.

나폴리는 피자치즈로 알려진 모차렐라(mozzarella) 치즈로도 유명하다. 물소젖으로 만든 탄력 있는 치즈인 모차렐라와 단단한 프로볼롱(provolone : 우유로 만든 치즈로 모차렐라 치즈와 비슷하나 맛이 더 강하다) 치즈를 넣어 피자도 만들고 칼조네도 만든다.

(8) 리조토(Risotto)

리조토는 쌀에 버터와 닭육수를 넣고 부드럽게 익혀 파르메산 치즈(parmesan cheese)를 뿌려 먹는 밥 요리로 각종 채소 등의 부재료를 넣기도 한다. 쌀 생산지인 북부 롬바르디아(Lombardia) 평야에 인접한 밀라노가 리조토의 고향이다. 밀라노식 리조토는 완두콩과 샤프란(saffron)을 넣어 맛을 낸다.

(9) 커피

이탈리아의 커피는 지역마다 차이가 크다. 강하고 자극적인 커피 에스프레소와 거품 낸 우유를 넣은 카푸치노는 전 세계적으로 유명하다. 에스프레소는 '당신을 위해 특별히 만든다'는 의미로 진하게 볶은 커피를 갈아서 끓는 물의 증기압을 이용하여 추출하는 커피로서 1인분에 사용하는 커피 양은 매우 많아도 추출하여 나오는 양은 일반 커피 잔의 반도 채 안된다. 그러나 이탈리아 사람들은 좀 더 순한 룬고 커피(물을 탄 것), 레몬이나 아니스(anise)로 풍미를 낸 에스프레소와 차가운 커피 시럽인 프레도 커피도 즐긴다.

(10) 티라미수(Tiramisu)

약간 신맛이 나는 부드러운 크림치즈 마스카르포네(Mascarpone)를 넣고 위에 얇게 다진 초콜릿을 뿌려 낸 이탈리아의 유명한 케이크이다.

4) 식사예절

이탈리아 요리의 테이블 매너는 우리가 알고 있는 서양요리와 큰 차이점은 없다. 스파게티를 먹을 때 포크만 나왔다면 한입에 먹을 만큼의 스파게티를 포크로 찍어 돌돌 말아서 먹는다. 포크와 스푼이 같이 나오는 경우가 더 많은데 이때 스푼은 포크로 파스타를 잘 말 수 있도록 돕기 위한 것이다. 왼손에는 스푼을 오른손에는 포크를 들고 한입에 먹을 수 있는 분량을 떠서 스푼 안쪽에 포크의 끝을 대고 면을 돌돌 말아서 포크에 감긴 것을 먹는다. 시계 방향으로 감는 것이 편하다.

이탈리안 레스토랑에 가면 식탁 위에 올리브유와 발사믹 식초, 소금 등이 놓여 있는 경우가 많다. 발사믹 식초는 올리브유에 몇 방울 떨어뜨려 빵을 찍어 먹거나 샐러드 등의 요리에 첨가하여 먹는다.

파스타나 피자 등을 먹을 때 파마산 치즈 가루를 뿌려 먹는데, 해물이 들어간 요리에는 뿌리지 않는 것이 좋다. 치즈의 향 때문에 해물 자체의 맛과 향을 즐기기 어렵기 때문이다. 하지만 다른 재료를 쓴 파스타에는 파마산 치즈가 아주 잘 어울린다.

8. 폴란드 음식문화의 특징

1) 개요

폴란드의 국토는 31만 2,685km²로 한반도의 1.4배에 해당한다. 동유럽에서는 최대 면적이며 독일에 버금가는 크기이다. 국토의 동서 길이는 약 690km, 남북은 649km에 이르며 전체의 91.3%가 평야지대로 남부를 제외한 전 국토가 평탄한 지형을 보이고 있다.

2) 기후

폴란드는 온화한 대륙성 기후 지역에 포함되지만 발틱 해의 영향으로 다양한 기상변화가 나타나기도 한다. 서유럽 지역보다 더 춥고 비도 많은 편이다.

봄철은 낮에는 따뜻하고 밤에는 추워 일교차가 크다. 여름(6~8월)은 더우며 가을 (9~11월)에는 비가 많고, 겨울(12~3월)은 춥고 눈도 많이 내린다.

3) 종교

폴란드 국민의 95%가 로마 가톨릭 신자이다. 폴란드에서는 공산정권기에도 유례 없 이 종교의 자유가 인정되었다. 러시아와 발칸 국가들이 동방정교를 받아들인 반면, 폴 란드는 966년 로마 가톨릭을 받아들임으로써 가장 동쪽에 위치한 가톨릭 국가가 되었 다. 폴란드교회는 1978년 폴란드인인 바오로 2세가 교황으로 선출되면서 바티칸과 친 밀한 관계를 유지하고 있다. 폴란드의 가톨릭 교회는 정부에 항상 영향력을 행사해 왔 으며, 1990년부터는 모든 텔레비전과 라디오 방송에서 종교의 가치에 대한 지지 방송을 할 수 있게 되었다.

4) 명절과 풍습

부활절과 크리스마스가 폴란드의 최대 명절이다. 가장 흥미로운 부활절 행사로는 고 도인 크라쿠프 남서부에 있는 칼바리아 제브지도브스카(kalwaria zebrzydowska)에서 열 리는 7일 동안의 예수 수난극을 들 수 있다. 이날 수만 명의 사람들이 증인으로 지켜 보 는 가운데 예수가 수난을 앞두고 예루살렘에 들어가 십자가에 못 박혀 순교하고, 이어 부활하는 모습을 재연한다. 11월 1일 만령제에는 공동묘지를 방문해 초와 꽃으로 묘를 장식한다.

5) 여행과 음식

(1) 여행정보

폴란드인들은 대단한 애연가이므로 식당이나 기차, 바 등에서 자리를 잡을 때 염두에 두어야 한다. 또한 거리에서는 아이와 함께 앉아서 구걸하는 여자들과는 눈을 마주치지 않는 것이 좋다. 대부분 거칠게 나와 당황하기 쉽다.

폴란드의 치안상태는 여타 유럽의 대도시에 비해 안전한 편이지만, 외진 곳이나 사람이 많이 모인 곳에서는 소매치기를 주의해야 한다. 특히 남루하게 입고 역 부근이나 시장 근처를 배회하는 사람들을 주의하고 환전소 앞에 서서 무어라 말을 걸어오는 사람이 있으면 못 들은 척하고 가만히 있으면 된다. 만약 도난이나 사고를 당해 경찰서에 간다면 폴란드 경찰의 무관심과 냉담함을 각오해야 한다. 또 그들은 영어에 능숙하지 않기 때문에 폴란드 경찰은 상대적으로 부유한 외국인들에게 냉소적이다.

(2) 음식정보

폴란드 음식의 특징은 조미료를 거의 사용하지 않으며, 기름진 음식이 많다는 점이다. 전통음식으로는 돼지고기나 쇠고기에 채소를 넣어 끓인 비고스(Bigos)와 근대뿌리 수프인 바르소츠(Barsoz), 만두와 비슷한 피에로기(Pierogi) 등이 있고, 간단히 먹을 수 있는 음식으로 꼬치구이인 샤슈윅(Szaszlyk), 바게트 빵에 버섯, 치즈, 고기 등을 얹은 자피에칸키(Zapienkanki) 등이 있다. 그 밖에 케이크와 아이스크림도 맛이 좋아 인기가 높다

우리나라의 맥주집 정도의 대중적인 음식점으로 폴란드에는 밀크바(bar mleczny)가 있다. 폴란드에서 바의 개념은 가벼운 스낵이나 음료를 먹을 수 있는 곳으로 칵테일도 대체적으로 과일 칵테일을 의미한다. 밀크바에서는 저렴한 가격으로 레스토랑에

밀크바

도 없는 지역의 별미를 맛볼 수 있는데 콤포트(kompot)라 불리는 과일 주스도 먹을 만하다. 그러나 밀크바에서 고기요리는 주문하지 않는 것이 좋다. 가격이 다른 곳의 3~4배가 넘기 때문이다. 밀크바에서는 셀프 서비스가 원칙이다. 비교적 자유롭고 밝은 분위기의 이곳에서 자연스럽게 현지인과 어울리면서 의외의 별미를 맛보는 것도 좋은 경험일 것이다.

폴란드는 수프의 나라이다. 다양한 원료의 맛과 향을 맛볼 수 있다. 특히 근대를 이용한 보트빈카(botwinka), 양배추를 넣은 카푸시니악, 감자가 주원료인 크루프닉(krupnik), 경단이 든 고기 수프인 로수우 등과 러시아의 영향을 받은 바스시치(barszcz)는 적근대를 삶아 끓인 것으로 가장 대중적인 것 가운데 하나이고, 양배추와 버섯이 주원료인 클레비악(klebiak) 등이 먹을 만하다.

세계(世界)적으로 유명한 폴란드 요리로는 비고스(bigos)와 피에로기(pierogi)가 있다. 비고스는 소금에 절인 양배추와 고기를 넣고 끓인 것으로 신맛과 담백한 맛이 일품이다. 피에로기는 고기 완자의 일종으로 감자와 치즈, 양배추와 버섯 등과 곁들여 먹는다. 이 밖에 레스토랑에서 맛볼 수 있는 독특한 요리로 사과와 곁들인 구운 오리고기인 카츠카(kaczka)와 크림 소스를 얹어 다진 스테이크인 즈라스(zraz), 그리고 돼지 족발에 완두콩과 절인 양배추를 곁들인 골론카(golonka) 등이 있다. 폴란드에서는 감자와 버섯을 이용한 요리를 많이 맛볼 수 있고 우리의 김치처럼 그들은 딜피클을 담가 먹는다. 가볍게 먹을 수 있는 스낵으로는 바게트에 양파와 치즈, 그리고 버섯을 얹은 자피에칸카(zapiekanka)가 있고 생과일이 듬뿍 든 아이스크림의 맛도 훌륭하다.

폴란드의 대중음식

삐에로기

폴란드 음식을 논함에 있어서 다이어트를 생각하는 것은 금물이다. 폴란드 음식은 기름지고 느끼한 음식이 많기 때문이다.

폴란드 음식이 한국인의 입맛에 맞을지 궁금해하는 사람들이 많다. 크리스마스 이브 때 먹는 음식 중 하나인 paluszki(빨루슈키 : 손가락이라는 뜻)는 밀가루를 손가락 모양으로 만든 음식인데 맛이 꼭 시루떡 같다. 그리고 pierogi(삐에로기)는 우리의 만두와 비슷하다. 물론 내용물이 좀 다르지만 말이다. 내용물로는 고기, 치즈, 버섯, 과일 등이 있다.

또한 다른 중부유럽 사람들처럼 폴란드인들도 버섯요리를 좋아한다. 버섯 수프, 버섯만두 등 여러 가지가 있다. 폴란드 전통음식 중 빼놓을 수 없는 것은 바로 bigos(비고스)이다. 일종의 돼지고기 스튜와 같은 것으로 폴란드인들이 굉장히 자부심을 갖고 있는 음식이라고 한다. 구운 키에우바사(소시지, 우리나라 백화점에서 폴리쉬 소시지라고 파는데 그게 바로 이것)와 함께 제공된다.

간단하게 먹을 수 있는 폴란드 음식에는 zapiekanki(자피에칸키), szaszlyk(샤슈윅), nalesnik(날레쉬닉), sernik(세르닉), kanapka(카나프카) 등을 꼽을 수 있다. 자피에칸키는 바게트 샌드위치 정도로 생각하면 된다. 바게트 위에 버섯, 치즈, 피망, 고기 등 각종 고명 등을 얹어서 먹는데 하나만 먹어도 든든하다. 샤슈윅은 돼지꼬치의 일종이다. 우리나라 닭꼬치와 비슷한데 고기가 닭이 아니라 돼지고기일 뿐이다. 좀 노린내가 나지만 맛있다. 특히 리넥 한 귀퉁이 간이 포장마차 같은 곳에 서서 bulka(부우카 : 동그란 빵, 겉은 딱딱하고 속은 부드럽다.) 한쪽과 맥주 한 잔을 곁들이면 그 맛이 일품이다.

세르닉은 까페에서 커피를 시킬 때 "세르닉도 주세요." 해서 먹어보라. 말이 필요 없다. 그 살살 녹는 맛이란… 폴란드 사람들은 tort(토프트 : 케이크)를 좋아한다. 굉장히 많은 종류의 케이크가 있다.

카나프카는 샌드위치다. 위에서 말한 부우카를 반으로 쭉 갈라서 버터를 골고루 펴 바른 후 양배추와 치즈(톰과 제리에 나오는 구멍 뽕뽕 뚫린 치즈), 햄, 토마토를 넣어 만든 것. 도시락으로 많이 싸 갖고 다닌다. 역시 맛있다.

세르닉

6) 폴란드인의 과거와 현재, 미래를 연결시키는 식습관

폴란드의 옛 음식은 고대 슬라브족의 음식에 그 기초를 두고 발전했으며, 멀리는 이탈리아나 터키 등에서 영향을 받았고, 가깝게는 이웃 독일이나 프랑스 등 유럽 각국들의 식관습의 영향을 받으면서 발전했다. 또한 폴란드인들의 식관습은 로마 가톨릭문화 속에서 성장해 왔다는 특징을 지니고 있다.

로마 가톨릭은 그 초기부터 현재까지 폴란드 사회와 역사, 문화에 이르기까지 다방면에 걸쳐서 밀접한 관계에 있다. 폴란드인들의 식문화에 있어서도 예외는 아니다. 일상생활에서부터 국가적인 명절에 이르기까지 철저하게 가톨릭문화가 스며들어 있다. 물론 식문화는 폴란드의 민족문화 가운데 단지 한 측면일 뿐이지만, 이 식문화야말로 폴란드인의 과거와 현재를 이어주고 있으며, 또한 미래로 연결시켜 줄 끊을 수 없는 전통의 실을 만들어주고 있다.

과거 몇 세기 동안 세 계층(농민, 시민, 귀족)의 음식은 서로 영향을 주고받으면서 폴란드의 다양한 요리 스타일로 통합되었다. 오늘날 대부분의 폴란드 음식은 그들의 조상들이 먹었던 것과 근본적으로 크게 다를 것이 없다.

7) 폴란드의 식품

* 감자

폴란드인들의 음식문화에 있어서 가장 중요한 식품으로, 폴란드라는 말 자체가 '평평한 땅'을 의미하는 것처럼 국토의 대부분에서 감자가 많이 생산된다. 감자는 다양한 음식의 재료가 되고 있다. 으깬 감자, 삶은 감자, 기름에 튀긴 감자, 감자 수프, 감자전 등으로 요리해서 먹는다.

* 돼지고기

쇠고기보다 돼지고기를 많이 먹는다. '코틀렛 스하보비'라는 스테이크 음식에 가장 많이 쓰이는데 주로 삶은 감자와 기름에 볶은 버섯과 함께 먹는 별식이다. 또한 '고우움프키'라는 음식에 돼지고기가 들어가는데 밀가루와 돼지고기, 양파 등을 다져 양념하여 양배추 잎에 싸서 국물에 넣어 삶은 요리로 감자와 함께 먹는다.

* 버섯

나라의 거의 전체를 차지하는 평평한 땅에 울창한 숲이 우거져 있어서 자연산 버섯이 종류도 많고 그 맛 또한 일품이다. 버섯은 폴란드의 고급 요리로부터 일반 요리까지 감자와 함께 거의 매일 먹는 음식이다.

* 딜피클

폴란드의 매우 전형적인 음식 중 하나로 식초에 조그마한 오이를 절인 것이다.

* 비고스

가장 대표적인 음식의 하나이다. 사육제 기간과 부활절 기간 동안 그리고 크리스마스와 그 밖의 다른 많은 경우에 중요한 음식이 된다.

* 잼

오늘날까지도 폴란드인들은 저장식품으로서 잼 만들기를 매우 좋아한다.

* 빵

기독교 이전에 슬라브인들의 종교의식에 있어서 중요한 역할을 해왔다. 폴란드에서는 아주 오래전부터 빵은 거의 종교적인 숭배의 대상으로 여겨졌다. 오늘날까지도 폴란드인들 사이에는 아주 귀하게 여기는 집을 방문하거나 심지어 외국인들과 사업상 중요한 거래를 할 때에도 커다란 빵을 구워서 선물을 한다.

* 보드카

추운 지역에 사는 사람들이라 그들은 독한 보드카를 좋아한다. 결혼식이나 파티에서는 술을 마시고 술잔을 깨버리면 행운이 찾아온다는 전통이 내려오고 있어 첫 술잔을 비우고 잔을 땅에 떨어뜨려 깨버린다. 재미있는 것은 폴란드인과 사업상의 문제로 만나면 아침부터 술을 마셔야만 한다는 것이다. 여성들의 경우도 예외는 아니어서 부드러운 포도주는 물론이고 독한 보드카도 잘 마신다.

8) 가톨릭문화와 폴란드인의 식습관

* 사육제

특별히 맛있는 사육제의 음식은 없다. 연회와 무도회에서는 '비고스'와 같은 폴란드 전통음식이 제공된다. 다만, 사육제의 특별한 음식으로는 '퐁츠키'라고 하는 도넛이 있다. '퐁츠키'는 가벼우면서도 그 맛이 일품으로 폴란드인의 사랑을 듬뿍 받고 있다.

* 사순절

'재의 수요일'부터 부활절 이브까지의 40일간으로서 그 기간 동안 단식과 참회를 한다. 노래와 즐거운 오락이 모두 금지되고 사람들은 좀 더 칙칙한 옷을 입는다. 고기와 입에 맞는 맛있는 음식을 먹을 수 없다. 전통적으로 많은 폴란드인들은 하루에 한 끼만을 먹으면서 이 기간 동안에 금식을 했다. 토요일에는 더욱 성스럽게 하고자 연한 맥주와 함께 빵만을 먹었다. 사순절 기간 동안 중요한 두 가지 음식은 발효된 호밀로 만들어진 시큼한 '주렉'과 기름에 튀긴 청어이다. 사순절 기간 동안 기본적인 다른 음식은 검은 빵과 수수한 채소였다.

'성 금요일'은 예수의 수난일로 엄숙한 날이다. 금식은 엄격하게 지켜지며 심지어 빵이나 물조차도 완전히 금지된다. 현재까지도 폴란드의 가톨릭교도들은 매주 금요일에는 고기를 먹지 않는다.

'성스러운 토요일'에 종교적인 긴장과 엄숙함은 약간 풀어진다. 이날의 가장 중요한 일은 부활절 일요일에 먹을 음식에 축복을 받는 것이다.

＊ 부활절

기독교인의 가장 중요한 축일인 부활절은 예전이나 오늘날의 폴란드에 있어서 가장 큰 음식축제가 되었다. 부활절 음식들은 거의 다 찬 음식들인데 다양한 맛과 향을 지니고 있다. 유일하게 따스한 음식은 '바르쉬츠'라는 시큼한 맛의 붉은 수프와 마지막 코스로 따뜻한 '비고스'가 나온다. 부활절 식탁은 여러 가지 색깔의 달걀과 설탕으로 만들어진 어린 양과 작은 노란 병아리로 장식된다. 둘둘 말린 소시지와 햄, 코에 사과가 얹힌 채 통째로 구워진 조그마한 새끼돼지 등이 식탁에 놓인다.

＊ 성모승천 대축일

8월 15일은 성모승천 대축일이고 동시에 들판에서 수확된 농작물의 잎으로 만들어진 화환들이 축복받기 위해서 교회로 옮겨지는 날이다. 이맘 때가 되면 폴란드에서 추수가 거의 끝나며, 이날 폴란드의 농촌에서는 햇밀가루로 빵을 만들어 먹으며 하나님이나 성모님께 감사드린다. 농촌에서는 이날 사람들이 조그마한 바구니에 수수, 양귀비, 호밀, 밀, 보리 등 갓 수확한 새로운 곡식을 준비해서 성당으로 가져간다. 이날 점심 혹은 저녁 때 그들은 감자가루로 빚은 만두를 기름에 튀겨 먹는다.

＊ 크리스마스 축일

크리스마스는 부활절에 이어 폴란드에서 두 번째로 큰 축일이다. 크리스마스 음식준비는 여러 날이 걸리며, 성령강림 대축일의 마지막 주일 동안 그 절정에 이른다. 크리스마스 기간의 중요한 식사는 크리스마스 이브의 저녁식사인 '비길리아'이다. 이때는 육식금지 기간이기 때문에 고기가 없는 '비길리아'이지만 음식은 풍성하다. 전통적으로 폴란드인들은 집안이 가난해도 '비길리아'와 부활절 음식은 경제적인 상황을 고려하지 않고 푸짐하게 준비한다. 식탁에는 여분의 한 자리가 마련되는데 이것은 손님이나 거지를 위한 것이다.

'비길리아'의 가장 큰 특징은 고기가 없는 식사라는 점이다. 심지어 소시지나 여러 가공식품조차도 먹지 않는다. 고기가 없는 대신에 기름과 버터가 음식에 사용된다. '비길리아'는 예수의 사도처럼 12가지이다. 그중에서 생선요리들이 압도적이다. 또한 '비길리아'는 알코올이 허용되지 않는다. 오늘날은 그와 같은 화려한 '비길리아'가 과거의 향수에 속한다. 오늘날 폴란드인들은 자신들의 선조들이 많은 돈을 낭비하면서까지 행했던 음식을 준비하지 않는다. 그러나 '비길리아'는 아직도 지켜지고 있는데, 이는 그들의 종교적인 축일뿐만 아니라 폴란드 민족의 전통을 면면히 지켜주는 중요한 역할을 함과 동시에 격변하는 사회 속에서도 가족의 따스한 분위기를 지켜주기 때문이다.

9. 프랑스의 식생활과 문화

1) 자연환경

지중해, 대서양, 북해를 연결시켜 주는 위치로 '유럽문명의 교차로'라 불린다. 국토는 정육각형에 가까운 모양으로 삼면은 영불 해협, 대서양, 지중해에 면하여 있고, 다른 삼면은 독일, 스위스, 이탈리아, 스페인, 벨기에, 룩셈부르크 등의 나라와 접하고 있다. 면적은 약 550,000m²로 유럽 최대의 넓이이며 우리나라의 2.5배이다. 지형은 남동부가 높고 북서쪽으로 갈수록 낮아지며 국토의 2/3가 평야와 구릉으로 이루어져 있다.

프랑스는 해양성, 대륙성, 지중해성 기후가 모두 나타나며, 기온은 남쪽에서 북쪽으로 갈수록 점점 낮아지는데, 고위도인 데 비하여 기후가 온화한 편이다. 연평균 강수량은 600~2,000mm로 우리나라 평균이 1,274mm이고 세계평균이 973mm인 점을 감안할 때 강수량이 풍부하다.

- 서쪽의 해양성 기후 : 별로 춥지 않은 겨울(평균 6℃), 신선한 여름(15~19℃)
- 동쪽의 대륙성 기후 : 눈을 동반한 추운 겨울, 무덥고 비바람이 몰아치는 여름 (20℃)
- 남쪽의 지중해성 기후 : 온화하고 짧은 겨울(8℃), 덥고 건조한 여름(23℃)으로 최

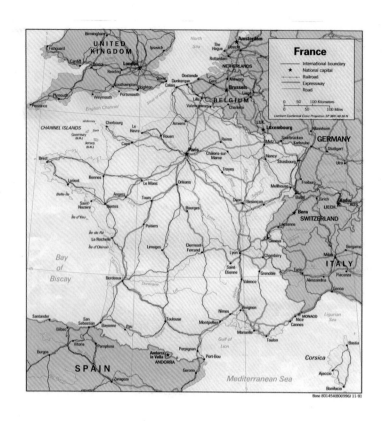

적의 기후이다. 론 강 골짜기를 따라 북쪽에서 불어오는 국지풍 'Mistral(미스트랄)'
이 있다.

2) 프랑스 음식의 분류

(1) Grande Cusine(그랑 퀴진) : '궁정에서 태어난 고급요리 그랑 퀴진'

그랑 퀴진은 프랑스 궁정에서 유래된 고급음식을 말한다. 최초의 궁정요리는 샤를마
뉴 대제의 집정하에서 시작되었으며 그의 식사에 대한 자부심은 대단하였다. A.D. 800년
경의 왕이었던 그는 공작새 요리를 시도했는데, 다양한 색깔의 공작새 깃털을 접시 가
운데 깔고 중간에 요리된 공작새를 얹었으며, 가장자리는 깃털로 화려하게 장식하고 공
작새의 부리에서는 불을 내뿜게 했다. 중세기가 되면서 왕궁의 주방에는 수백 명의 사
람들로 채워졌다. 그들은 최고의 요리와 많은 양의 음식을 준비하여 왕과 귀족들의 식
탁을 장식하였다. 왕과 귀족들 이외의 일반인들은 수프 같은 간단하고 투박한 식사로

일관하였다. 르네상스 시대와 함께 이탈리아 메디치가(家)의 카트린이 1533년 오를레앙 성주(후에 앙리 2세)와 결혼하여 파리에 있는 루브르궁에 살면서 새로운 미식법의 기원을 마련하였다.

카트린 드 메디치는 자신의 조리사들, 조리방법들, 프랑스에는 잘 알려지지 않은 아시아와 동방의 식재료들과 향신료 등을 가져왔다. 중세 이래 무겁고 복잡했던 프랑스 궁정요리 조리법은 좀 더 간단해지고, 섬세한 음식으로 바뀌어 갔다. 이때 소스를 첨가한 생선요리가 처음으로 등장하기도 했다. 이후 프랑스 요리는 시대에 따른 각 주권자의 개인적인 취향과 의상의 유행에 따라 변화되어 갔다. 예를 들어 루이 14세는 대식가였고, 반면에 루이 15세는 세련된 미식가였다. 그러나 고급요리는 항상 값비싼 재료를 사용한 요리로써 특권계층만이 그 맛을 누릴 수 있었다. 프랑스 대혁명(1789~1799)을 시작으로 레스토랑들이 나타나기 시작하면서 점차적으로 그랑 퀴진은 일반인들에게도 널리 퍼지게 되었다. 오늘날 프랑스에서 그랑 퀴진을 맛보길 원한다면 코스에 따라 고가를 지불해야만 되는 레스토랑에 가면 된다. 그랑 퀴진이 대중화되긴 했지만 특별한 레스토랑의 특권으로 남아 있으며 비싼 가격으로 일정수준을 유지하고 있다.

(2) La Cusine Classiqe(라 퀴진 클라시끄) : '화려함의 극치 고전요리'

고급요리의 규칙과 조리법을 따르는 19세기와 20세기 전반기까지의 Grand Cusine을 '고전요리'로 부르고 있다. 1900년에 작성된 에스코피에의 요리책은 전통적인 고전요리법을 상세하게 정의하고 있다. 고전요리는 거의 모든 요리에 거위간, 캐비아, 송로버섯과 같은 사치스럽고 비싼 재료들을 사용한다. 이 음식들은 보기에 아주 예쁘고 먹기에도 훌륭하다. 그러나 외적으로 보기 좋게 하는 과정에서 맛의 특성이 소실된다.

1970년대에 와서 고전요리는 내리막길을 걷게 되었다. 이를 증거라도 하듯 유명 레스토랑의 거의 모든 메뉴에서 'classiqe'라고 말하는 고급 고전요리의 대부분이 사라졌다. 그러나 몇몇 레스토랑은 여전히 과거의 명맥을 그대로 유지하면서 남아 있다. 1970년 초기 고전요리에 반발하여 요리의 길잡이로 생겨난 것이 누벨 퀴진이다.

(3) La Nouvelle Cusine(라 누벨 퀴진) : '간소함을 지향하는 새로운 요리'

'Gault-Millau' 잡지에서 1973년 처음으로 nouvelle cusine이라는 말이 등장하였다. 이

말은 새로 등장하기 시작한 요리의 개념을 설명한 것으로, 점점 지명도가 높아지던 알랭 샤펠 등과 같은 일단의 조리사들이 주장하기 시작한 새로운 요리의 개념을 설명한 용어이다. 고급 고전요리가 독단적인 것으로 여겨지면서 1960년대에 고전 조리법의 명성이 강하게 비판되었다. 예를 들어 거위간, 상어알, 송로버섯과 같은 고급재료들이 사용되고 위스키와 코냑을 사용하는 flambages가 남용되었다. 대부분 미리 음식을 만들고 서빙 전에 다시 데우는 습관이 생겼다.

Nouvelle cusine은 이러한 현실에 대한 반동으로 일어나게 되었다. 자신의 건강과 자신들에게 적합한 것을 원하는 사람들은 점점 더 가벼운 음식을 요구하기 시작했다. 그들은 간단한 조리법과 계절에 따른 신선한 식품재료를 이용하는 경향으로 나갔다. 신선한 재료와 계절적 소재를 사용하여 채소와 생선이 갖고 있는 본래의 신선한 풍미와 영양분이 남아 있도록 조리시간을 짧게 했다. 즉 알코올, 밀가루, 버터, 크림, 지방을 전체적으로 피하면서 최소한으로 줄여나갔다. 메뉴에 있어서 음식 종류를 적게 하고 메뉴를 자주 바꿈으로써 계절 식품의 이용도를 높이고 지금까지 시도하지 않았던 것들을 적극적으로 시험해 보는 향토요리, 외국요리(특히 아시아) 등을 환영하는 추세로 변모해 갔다. 식탁의 외모는 변화되었으며 최고급 테이블 세팅과 고급스러운 세련된 요리가 만나서 식사의 완전한 즐거움을 만들어 나갔다. 이러한 새로운 경향을 묘사하는 용어인 nouvelle cusine은 몇 가지 기본원리를 바탕으로 한다.

① 좀 더 가벼운 식재료 자체의 맛을 살린 조리법을 선호한다.
② 과장된 거만함을 버리고 간편하고 심미적인 것들을 추구한다.
③ 계절의 식재료를 사용한다.
④ 지나치게 진하고 무거운 소스를 제외한다.
⑤ 조리시간을 단축한다. 따라서 생선은 영국처럼 뼈를 약간 붉은빛을 띠도록 익히고, 채소의 초록색을 그대로 살린다.
⑥ 향토음식을 적극적으로 수용한다.
⑦ 이국적인 식재료와 조리법을 활용하여 창조적인 식재료의 결합과 창의적인 맛의 결합을 시도한다.

3) 프랑스 요리의 발전에 기여한 인물

(1) 타이방

16세기(르네상스 시대) 샤를르 5세의 첫 번째 조리장이었던 타이방은 당대의 전체적인 조리 내용을 구성하는 조리목록을 남겼다. 당시의 식탁차림법은 귀족들의 신분 과시적인 면모를 과장되게 드러내는 것이 유행이었다. 이를테면 가마우지나 백조 같은 야생 조류의 요리를 깃털을 그대로 붙인 채 식탁 위에 올려놓았다.

(2) 마리 앙트완느 카렘

18~19세기 초(계몽주의 시대)는 프랑스 고전요리의 전통이 완성되어 간 시기이다. 18세기 후반 활동한 앙트완느 카렘(Careme)은 요리를 미학의 입장에서 생각하고 요리를 예술적인 작업으로 끌어올린 조리사이다. 카렘은 조리이론에 관해서 수많은 명저를 남겼으며 오늘날 '프랑스 요리의 아버지'로 불린다. 현재 프랑스에서는 훌륭한 조리사의 자격으로서 카렘상이 주어지고 있다. 19세기에 특권계층이나 부유한 부르주아 가정에서는 적어도 한두 명의 조리사들이 있었다. 이렇게 개인 집에서 일했던 셰프 중에서 가장 유명했던 사람이 바로 나폴레옹 집정하에서 외무대신을 지냈고, 영국의 집정왕 조지 4세를 위해서 일했던 타이랑 집의 카렘이었다. 그는 '요리사의 왕'으로 불렸다.

(3) 유르반과 듀포와즈

유르반과 듀포와즈는 나폴레옹 시대인 19세기에 오랜 기간 러시아 황제를 섬겼으며, 예술적 센스나 호화로움만을 주장해서 따뜻한 요리와 차가운 요리를 한번에 다 늘어놓는 프랑스식 서비스법을 지양하고, 코스식으로 요리를 내놓는 러시아식 서비스법을 보급시켰다.

(4) 오귀스트 에스코피에

프랑스 요리의 왕이라 불리는 오귀스트 에스코피에는 19세기 중엽부터 20세기 중기까지 활동한 조리사로 그의 수제자는 현재 몇 안되지만, 미국 최고급 호텔의 총 조리장

대부분이 그의 수제자이다. 나폴레옹의 침략전쟁과 계속된 패배로 세계의 중심이 파리에서 런던으로 옮겨갔으며, 국제회의의 중심이 된 런던은 필요성에 의해 호텔이 대형화됨과 동시에 훌륭한 설비를 갖춰 나갔다. 그리하여 에스코피에도 프랑스에서 런던으로 자리를 옮겨 활동하였다. 오늘날 우리가 접하고 있는 주방 시스템의 창시자이자 부분화되어 있었던 프랑스 식당 운영의 통합 조정운영을 시도하여 성공한 것도 그의 아이디어였다. 러시아식 서비스 방법을 본격적으로 도입하여 현재의 음식 서빙 순서를 창안한 것도 그였다. 그는 프랑스 정부로부터 1920년 레지옹 도뇌르 훈장을 수여받았고, 후에 귀족단체의 정회원이 되어 모든 조리사의 사회적인 지위와 명예를 높이는 데도 큰 공헌을 했다.

4) 주요 식재료

(1) 프랑스의 포도주

대부분의 유럽지역은 식사할 때 와인을 많이 마시는데 "포도주가 빠진 식사는 태양이 없는 낮과 같다"고 한다. 이는 토양이 석회질로 되어 있어 그곳의 물을 끓이면 주전자는 한 달만 지나면 석회성분 때문에 하얗게 부식되어 버릴 정도이다. 그러니 물을 정제한 포도주나 맥주가 발달하게 된 것이다. 포도주의 전통적인 습관이 입맛에 깊숙이 배어 있어 포도주와의 관계가 끈끈하다.

포도주의 맛, 빛깔, 향기 등은 각기 다르고 종류가 수없이 많다. 일반적으로 백포도주는 생선요리에, 적포도주는 육류요리에, 분홍색 포도주는 양쪽 요리에 다 어울린다. 마시는 목적 외에 요리의 맛을 돋우고 부드럽게 하기 위한 조미료로도 이용된다.

포도주를 넣은 요리로는 비프 부르기뇽(쇠고기를 붉은 와인으로 찐 것), 꼬끄 오 뱅(coq au vin, 수탉을 포도주로 찐 것), 므르 마리니에르(므르조개를 백포도주로 찐 것) 등이 있고 소스를 만드는 데도 포도주는 큰 역할을 한다. 먹다 남아서 시어진 포도주는 샐러드를 만들 때 식초로 이용된다.

프랑스 요리와 어울리는 포도주

- 생선 전채요리 : 루아르 지방의 흰 포도주
- 어패류 전채요리 : 부르고뉴 및 루아르의 흰 포도주
- 찬 육류 전채요리 : 가벼운 보르도의 흰 포도주
- 생선 : 부르고뉴 흰 포도주
- 닭요리 : 가벼운 보르도의 붉은 포도주, 부르고뉴의 가벼운 붉은 포도주
- 오리, 비둘기, 칠면조 : 보르도의 진한 붉은 포도주
- 쇠고기 : 보르도의 진한 붉은 포도주 또는 부르고뉴의 가벼운 붉은 포도주
- 양새끼 고기: 보르도의 붉은 포도주 또는 부르고뉴의 가벼운 붉은 포도주
- 송아지 고기 : 부르고뉴의 가벼운 붉은 포도주
- 돼지고기, 햄 : 부르고뉴의 흰 포도주
- 달걀요리, 치즈 : 부르고뉴의 붉은 포도주 또는 보르도의 가벼운 붉은 포도주
- 바베큐 고기 : 론지방의 붉은 포도주
- 고기양념 소스를 동반하는 밀가루 음식 : 보르도의 가벼운 붉은 포도주

(2) 프랑스의 치즈

태어나자마자 이유식으로 치즈를 먹기 시작하는 프랑스는 그야말로 치즈 없이는 못 사는 나라이다. 과일 하나에 주스 한 잔, 치즈 하나를 먹는 간식도 일반적이다. 치즈는 크게 염소젖치즈, 소젖치즈, 양젖치즈 등으로 나눌 수 있는데 식후에 간단히 즐기는 것으로는 염소젖치즈가 많이 애용된다.

- 까망베르(Camanbert) : 노르망디의 치즈. 나폴레옹이 조세핀의 체취가 난다고 즐겼던 치즈.
- 브리(Brie)치즈 : '치즈의 여왕', 숙성 정도에 따라 신맛과 쏘는 맛이 나는 부드러운

치즈.

- 로케포르(Roquefort) : 이탈리아 고르곤졸라(gorgonzola), 영국 스틸톤(stilton)과 더불어 세계 3대 블루 치즈 중 하나. 곰팡이가 사이에 낀 푸른 대리석 같은 생김새이다. 부드러운 연질치즈이다.

(3) 프랑스의 빵

프랑스 빵은 곡물가루의 맛을 한껏 이용한 제품이라 할 수 있다. 몇 세기가 지나도 그 전통적인 제법이 계승되어 버터나 우유 등 부재료를 첨가하지 않고도 구수한 맛을 내는 것이 특징이라 하겠다. 정찬식에서 빵은 포도주의 맛을 돋우기 위해 먹는다.

- 바게트 : 당이나 유지가 전혀 들어가지 않는 것이 특징. 이스트를 사용함. 크로크 무슈, 크로크 마담으로 만들어 홍차나 핫초코와 함께 먹는다. 현재는 바게트의 소비가 줄고 호밀빵이나 시골빵 등으로 대체하고 있다.
- 크로와상 : 아침식사로 즐겨하는 빵. 향긋한 버터 향의 말랑말랑함이 특징.
- 크레페 : 납작하게 지진 밀전병에 갖은 재료를 넣고 돌돌 말아먹는 빵.
- 브리오슈 : 분유나 럼주, 바닐라 향 등 여러 가지 첨가물을 넣을 수 있는 대표적인 빵.

5) 각 지역의 유명한 음식

프랑스는 각 지역의 기후만큼이나 요리에서도 차이가 나는데 북 프랑스는 음식을 만들 때 생크림이나 우유, 버터 등의 유제품을 많이 사용하는 반면, 남 프랑스에서는 올리브유, 매콤한 고추, 토마토 등을 많이 사용한다. 각 지역의 특산요리는 어느 지역을 최고라고 꼽을 수 없을 정도로 요리의 특징이 뚜렷하다.

(1) 북 프랑스

노르망디(Normandie)

센 강 하류인 파리 분지의 서쪽에서부터 아르모리칸 고원 북부지역에 자리 잡은 이 지역은 대서양을 따라 해안을 접하고 있는데, 산이 거의 없는 작은 구릉들로 이루어져 있으므로 수산물과 육류가 풍부하게 수확된다. 특히 센 강 하구, 대서양 연안의 항구도시 르 아브르는 지중해 해변의 마르세유와 더불어 프랑스 2대 항구로 품질 좋은 바다생선과 조개 및 갑각류로 유명하다. 구릉지대에서는 우유, 버터, 크림이 대량 생산되며 농가의 양계, 오리가 양질이며, 새끼양, 암양의 살코기는 아주 부드럽고 돼지고기 역시 명성이 높다.

이런 좋은 조건을 갖춘 땅이지만 위도가 높고 비가 많이 오는 관계로 포도나무가 자라지 못한다. 즉 이 지방에서는 포도주가 생산되지 않는다. 그러나 포도나무 대신에 곳곳에 사과나무 과수원이 보인다. 즉 이 고장의 주류는 모두 포도가 아닌 사과로 만들어진다. 이 술을 시드르(cidre)라고 하는데, 맥주 정도의 알코올 도수를 가진 생활주류이다.

(2) 일 드 프랑스(Ile de France)

역사적으로 유서 깊은 지역으로 파리가 중앙이며 파리를 둘러싸고 있는 지역을 포함한다. 일 드 프랑스의 요리라 하면 파리의 요리를 말한다 해도 과언이 아니다. 그 옛날 화려한 궁중의 정찬이 이곳에서 명성을 드높였다. 그러나 오늘날의 파리와 일 드 프랑스는 그 고유의 맛을 잃어버린 것이 사실이다. 세계 제일의 관광도시이자 미식가들의 도시인 파리에는 전 세계의 요리들이 다 모여 있다.

유명한 요리로는 크레스 수프(potage crecy), 바닷가재 파이 등이 있고, 베샤멜 소스, 크렘 샹띠이(creme chantilly) 등이 파리에서 발명된 것이다.

(3) 알자스(Alace)

전통적으로 곡물과 채소를 재배하는 광대한 평야, 포도가 잘 자라는 토질과 과수원, 물고기가 많이 서식하는 작은 강 등의 여건들이 알자스를 풍요한 요리의 본고장으로 만들었다. 바다가 없는 대신 작은 강들이 많아 식용개구리, 가재, 송어 등 풍부한 민물고기가 수확된다. 또한 독일의 지배와 영향을 받은 지역으로 프랑스적이라기보다는 독일과 비슷하여 요리에도 독일의 영향이 많이 반영되고 있는데, 특히 독일 음식인 소시지와 사우어크라우트(양배추절임)를 즐겨 먹는다. 포도주도 독일과 같이 백포도주가 많이 나고 일상적인 음료는 맥주이다.

- 슈크르트(choucroute) : 잘게 썬 양배추를 식초에 절여 돼지고기 무릎살, 감자, 훈제 소시지 등을 넣어 익힌 것.

(4) 브르타뉴(Brittany, Bretagne)

원래 영국의 지배를 받던 곳이어서 이름 자체가 그레이트 브리튼의 소국이라는 의미에서 브르타뉴라고 명명되었다. 기후는 가을, 겨울에 비가 많이 내리고 일조량이 짧아 포도경작지는 없으며, 대신 어업과 목축업이 발달하였다. 역사적으로 언어까지 달랐던 지방색이 짙은 곳이어서 고유한 지방요리가 많이 발달한 곳이다.

바다에서 나는 생산물이 풍부하여 멸치에서부터 가자미, 대구, 가오리 등이 쿠르부용(court-bouillon: 포도주와 후추를 넣고 끓인 소스를 친 생선요리), 튀김 또는 철판에 굽거나 그라탱(gratin) 등으로 요리된다. 풍부한 목초지에서 양고기와 돼지고기를 생산하며 이것은 소시지, 순대, 파테(paté) 등을 만드는 데 주로 쓰인다. 이 지방의 낭트에서는 버터와 소금으로 간을 한 돼지고기 요리가 있다. 과일로는 푸루 가스텔(plou gastel)의 딸기를 빼놓을 수 없으며 이는 리큐르 술의 기본재료로 사용된다.

브르타뉴 서쪽 지방의 크레페는 메밀가루, 황밀로 만들며 설탕 혹은 소금을 치고 속에는 초콜릿 등을 넣어서 굽는다. 노르망디 지역과 마찬가지로 이 지역 역시 시드르를 생산하며 그 외에도 꿀로 만든 술이 있다.

- 크레프 오 프뤼 드 메르(crepéaux fruits de mer) : 우유, 달걀, 밀가루 등을 섞어

종이처럼 얇게 부쳐 안에 각종 해물을 싸서 먹는다. 갖가지 잼을 발라 먹거나 초콜릿, 시럽 등을 발라 먹기도 한다. 원래 모양대로 돌돌 말아 먹거나 4등분으로 접어 먹기도 한다. 접대할 때는 크레프를 놓고 안에 넣어 먹을 재료를 따로 담아 내어 손님들이 직접 돌돌 말거나 접어서 먹는다. 이때 나이프와 포크를 사용하거나 그냥 손으로 집어 먹기도 한다.

(5) 부르고뉴(Bourgogne)

척박하면서도 고원이 많으며 포도주로 유명한 부르고뉴 지방은 포도밭, 골짜기, 평원이 많고 고원에서 황소가 많이 사육되어 프랑스에서 가장 질이 우수한 고기가 생산된다. 그 외에 과수밭, 채소밭이 많다. 또한 프랑스 음식의 재료에서 중요한 위치를 차지하는 버섯이 많이 생산되는데 볶아서 크림을 넣어 스테이크나 로스트의 곁들임 요리로 사용되며 소스에 넣거나 생선요리에도 많이 쓰인다. 디종은 향기로운 겨자로 유명하다.

달팽이요리(에스카르고, Escargot)는 부르고뉴 지역에서 처음 만들어지게 되었는데, 남부와 북부지역의 영향을 받아 버터 소스와 어우러진 부드러운 맛이 일품이다.

- 뷔프 부르고뇽(boeuf bourguignon) : 가정에서도 흔히 만들어 먹는 보편적인 부르고뉴식 쇠고기 요리다. 쇠고기를 홍당무, 양파, 셀러리, 표고버섯, 향신료와 함께 포도주를 넉넉히 넣고 은근히 끓인 요리로 부르고뉴산 포도주와 함께 먹는다.

(6) 남 프랑스

알프스(Alpes)

몽블랑에서 프로방스까지 이어지는 론 알프스 지방은 경이로울 만큼 장엄한 산악지대와 수천 개의 호수가 그림 같은 풍경을 이룬 완만한 평야지대가 조화를 이루고 있는 곳이다.

- 퐁뒤(fondue) : 버찌술을 첨가한 백포도주에 치즈를 녹여(불어로 fondre는 '녹인다'의 뜻인데 여기서 음식명 유래) 빵 혹은 감자를 찍어 먹는데, 이때 감자는 한입에 넣을 수 있는 크기가 작은 것을 사용하며 빵도 감자 크기만하게 자른다.

(7) 보르도(Bordeaux)

산간지역이나 토질이 비옥하여 질 좋은 채소가 많고 과일 특히 밤이 많이 생산된다. 이 지역의 음식으로는 닭고기요리가 유명한데, 이 닭고기의 살코기 맛이 아주 섬세하기 때문에 이 맛을 방해하는 소스나 양념을 첨가하지 않고 그대로 굽는다. 양념을 많이 사용하는 프랑스인도 이 닭고기만은 그대로 즐긴다. 이 지역에서 즐겨 먹는 리옹 소시지 역시 유명한데 닭 소시지, 블랙 소시지 등이다. 양파 소스 역시 이 지역만의 독특한 소스로 양파 소스와 함께 조리한 리오네이즈 포테이토는 다른 지역에서도 좋아하는 음식으로 미국에서도 많이 먹는 감자요리이다.

(8) 프로방스(Provence)

열대 향취가 넘치는 정열적인 땅으로 일 년 내내 태양의 풍요로움을 넉넉히 받고 있다. 로마시대 이후 유명한 휴양지로 한때 이탈리아의 영역이었으며 지중해 연안의 여러 다른 지역과 마찬가지로 마늘, 올리브유, 토마토를 많이 이용하여 음식을 만든다.

이 지역의 기후는 지중해성 기후의 특징을 그대로 나타내서 건조기가 길지만 가을, 겨울이 짧은 우기에는 폭풍우와 비가 휘몰아치기도 한다. 북서쪽에서 불어오는 미스트랄이 이 지역의 풍물에 이국적인 풍취를 더한다. 이러한 특색 있는 기후 속에서 올리브, 포도나무, 가지 그리고 백리향이나 라벤더 등의 허브가 풍부하게 재배된다. 이러한 자연조건은 이 땅의 사람들이 허브와 향신료를 섞고 조화시키는 데 전문가가 되게 하였다. 향신료가 중요한 자리를 차지하는 요리와 향수의 고장이 바로 프로방스인 것이다.

또한 유명한 소스인 아이올리(aioli)는 난황에 올리브유, 마늘, 레몬즙을 넣어 만든 마요네즈로 주로 생선요리에 많이 쓰인다.

(9) 마르세유(Marseille)

프랑스의 대도시들 가운데 연대적으로 가장 앞선 도시로서, 항구도시인 마르세유는 구항과 신항으로 나뉘어 있다. 역사가 살아 있는 구항에서 마르세유의 명물 부야베스 (생선 수프)요리를 맛볼 수 있다.

- 부야베스(bouillabaisse) : 지중해 연안의 생선 수프, 채소를 올리브오일로 볶다가 살이 잘 풀어지지 않는 순서대로 생선을 넣고 끓인 다음 식탁에 낼 때는 수프와 생선을 따로 담아내며, 이때 마늘과 고추를 넣은 매콤한 소스와 마늘 페이스트 등을 양념으로 함께 내서 맛을 돋운다.

10. 스페인의 음식문화와 요리의 특징

1) 스페인 음식문화의 형성배경

스페인의 역사와 지리적 요소는, 스페인이 세계에서 가장 다양하고 평가받는 음식문화를 창조할 수 있도록 해주었다. 지중해와 대서양이란 두 바다에 접해 있으면서도, 북쪽에는 산악지대가 형성되어 있고, 남쪽에는 넓은 평야가 펼쳐져 있다. 또 기후적으로는 유럽 다른 나라에 비해서 건조한 편이다. 바싹 마른 산악 목초지에서 푸르게 우거진 과수원과 목초지까지, 또 훌륭한 해안에서부터 시골 마을과 복잡한 도시들까지 이 모두가 스페인의 풍경으로 어우러져 있다.

스페인은 지방색이 강해서 그 지역에 따라 전통적인 음식이 존재한다. 따라서 스페인이 통일되기 이전 각 지방은 각기 고유한 문화 속에서 독창적인 음식문화를 발전시켜 왔다.

스페인의 역사는 페니키아인과 그리스인, 카르타고인들이 해안에 건설한 무역도시들로부터 시작된다. 후에 로마인들과 아랍인들이 스페인을 지배하면서 이들이 가져온 음식문화는 원래 스페인의 요리법과 혼합되어 좀처럼 없어지지 않고 그 모습을 유지하고 있다. 또 아메리카 신대륙으로부터 유입된 다양한 산물들은 스페인의 음식을 더욱 풍요

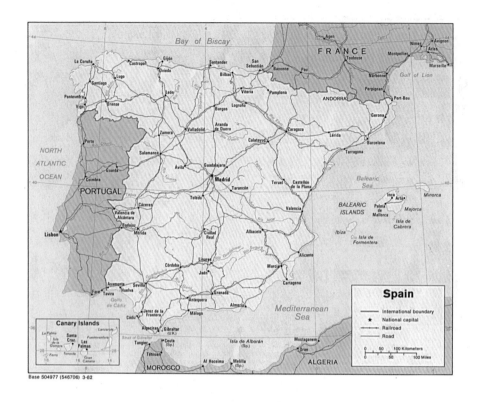

롭게 해주었다.

스페인의 많은 지역에서는 올리브 나무, 포도밭, 감귤류 과일을 많이 볼 수 있다. 스페인 사람들은 마늘을 좋아하고, 달콤한 것, 자극적인 후추, 세라노 햄을 좋아한다. 황금빛 샤프란 향료는 많은 스페인 음식, 특히 파에야 요리를 황금빛으로 물들이면서 많은 시각적인 효과를 내기도 한다.

2) 스페인요리의 재료와 특성

스페인에서는 허브를 그다지 사용하지 않고 자연소재의 향을 중시한다.

① 스파이스는 파프리카, 샤프란 등을 많이 사용한다. 특히 파프리카는 매운 것, 보통의 것, 단것의 세 종류가 있으므로 요리에 따라 구분하여 적당히 사용한다.

② 파프리카, 샤프란 이외에는 올리브유, 테이블 올리브, 식초, 식재료로서는 마늘, 양파, 토마토, 피망, 소금대구(바깔라오: 소금에 절여 아주 딱딱하게 만든 대구포)의 머리를 떼어내고 내장을 제거해서 반으로 가른, 우리가 흔히 보는 생선포 모

양인데, 표면에 소금 결정이 있기 때문에 회백색을 띤다. 좀 큰 시장에 가면 쉽게 볼 수 있다. 이것을 하루 정도 물에 담그면 원래의 생선조직이 살아나서 부드럽고도 쫄깃한 맛이 된다. 대서양과 접해 있는 바스크 지방에서 가장 널리 먹는 재료이며, 그다지 값싼 음식은 아니다. 주로 마늘 소스나 토마토 소스와 같이 요리한다고 한다.

보통 우리가 날해산물을 먹었을 때 느끼는 강렬한 '바다 향기'와는 다르게 은근하고 섬세한 바다 향이 나는데, 멍게 따위가 바로 비린내 나는 떠들썩한 바닷가 시장의 맛이라면, 이것은 조용한 백사장 저 멀리 보이는 푸른 수평선의 맛이라고 할 수 있다. 하여튼 스페인에서 가장 독특한 음식과 가장 맛있는 음식인 바깔라오가 첫손에 꼽힐 정도이다. 아몬드는 다른 나라에 비해 많이 사용되고 있다.

③ 소재로부터 나온 육즙과 구울 때 나오는 즙을 소스로 하며, 특별히 소스를 만드는 경우는 적다.

④ 기본적으로 육식문화권에 있어 특히 양고기와 돼지고기가 많다. 스페인은 9세기부터 13세기에 걸쳐서 이슬람으로부터 크리스트교 지배로 이행했다. 이슬람교도는 돼지고기를 금기로 하고 있었기 때문에, 돼지고기를 먹는가 여부로 크리스트교도 여부가 판단되었다. 비유컨대, 성화 밟기였다는 의미이다. 그 때문에 돼지고기의 요리, 가공, 보존법이 발달했다. 스페인 요리의 기둥 중 하나가 된 생햄인 하몽과 초리소(양념한 소시지)에 그러한 것이 현저히 보인다.

하몽은 오르되브르, 샌드위치로, 게다가 뼈와 자르고 남은 부스러기 따위는 여러 가지 재료를 넣고 끓이는 요리, 스튜 맛의 베이스로 사용되고 있다.

빵을 먹는 지역은 거의 대부분의 땅에서 밀을 재배하고 목초지에서는 소를 사육한다. 당연히 우유나 버터, 치즈 같은 유제품과 육류의 생산도 이 지역에서 이루어진다. 스페인 같은 지중해성 기후를 가진 나라에서는 위에서 말한 밀과 육류를 이용한 음식이 중요한 비중을 차지한다. 쌀을 주식으로 하는 우리나라 같은 아시아 지역과는 달리, 밀은 그 자체만을 가지고 주식으로 사용하기에는 영양이 부족하기 때문에 항상 육류와 함께 섭취한다. 곡류에서 부족한 영양을 육류에서 보충해야만 하는 것이다.

스페인은 1년 내내 축제가 있는 나라로도 유명하다. 따라서 축제를 보러 다니는 스페인 일주도 대단히 흥미로울 것이다. 한편, 축제에서는 다양하고 풍성한 스페인의 음식을 맛볼 수 있는데, 그중 '파에야(Paella)', '또르띠야(Tortilla)', '하몽(Jamon)', '초리소(Chorizo)', '모르시야(Morcilla)' 등이 손꼽히고, 남쪽 지방에 간다면 '가스파초(Gazpacho)'가 추가된다. 음료로는 '비노(포도주)'를 비롯해, '시드라(Sidra: 사과주)', '상그리아(Sangria: 와인과 과일을 섞은 칵테일)'를 꼽을 수 있겠다.

파에야는 쌀의 생산지인 '발렌시아(Valencia)' 지역에서 시작된 음식으로 쌀을 수확하여 야외에서 커다란 팬을 걸고 쌀과 채소, 토끼고기, 닭고기, 돼지고기 등을 넣어 볶아먹던 음식이며, 지금은 지역마다 특산물을 넣어 나름대로 지역만의 독특한 파에야를 맛볼 수 있겠다.

세계적으로 많이 알려진 파에야는 60~70년도에 스페인에서 일어난 관광 붐으로 인하여 북유럽인들이 스페인에 와서 아름다운 지중해 해변과 강렬한 햇살, 투우, 플라멩코 등과 함께 스페인의 대표적인 전통문화 상징물로 발전하여, 내용물은 달라도 천연 샤프란 가루로 노랗게 물들인 쌀밥 파에야는 세계 주요 도시 어딜 가나 맛볼 수 있게 되었다.

또르띠야는 감자, 양파와 달걀로 만든 일종의 '오믈렛'인데, 지역에 따라 양파는 제거되기도 하지만 파이처럼 잘라서 빵 한 조각과 맥주나 와인을 곁들여 간식이나 간단한 식사로 스페인 사람들이 가장 즐겨 먹는 음식이기도 하다.

하몽, 초리소, 모르시야는 지역마다 만드는 특성이 있다. 예로부터 각 가정에선 돼지를 길러 겨울이 시작될 무렵엔 '마딴사(Matanza)'로 겨울이 시작되는 것을 알렸다. 마딴사는 겨울을 나기 위해 음식을 준비하는 행사로 볼 수 있고, 이는 한국의 김장과 유사한 의미를 갖고 있다. 마을의 축제이자 주요 행사였던 마딴사는 돼지를 잡아 부위별로 나누며 금방 먹을 것만 잘라 먹고, 나머지는 염장이나 허브마리네(아도바도, Adobado : 파프리카와 다른 채소 및 허브를 사용하여 절인 것)하였다가 재료가 부족한 겨울을 지내면서 영양보충을 했던 것이다.

초리소와 모르시야는 돼지 내장을 이용하여 만드는 일종의 소시지인데, 초리소는 내장 안에 고기, 파프리카와 각종 허브를 넣어서 만드는 반면, 모르시야는 돼지 피가 주재료로 쓰이며 한국의 순대와 유사하다. 초리소는 재료에 따라 매운맛도 있고 맵지 않은 맛도 있다. 그냥 햄처럼 먹기도 하고, 그릴에 구워먹거나 데쳐먹기도 한다. 모르시야는 꼭 튀기거나, 그릴에 익혀서 먹어야 한다.

남쪽 지역인 '안달루시아(Andalucia)'에서는 가스파초도 즐겨 먹는다. 토마토를 주재료로 하여 오이, 피망, 빵, 마늘, 올리브오일, 와인식초를 함께 간 후 걸러서 차갑게 먹는 수프인데, 하루 전에 만들어두었다가 먹으면 숙성되어 더욱 맛있다.

스페인은 유럽에서도 땅이 넓고, 아프리카와 유럽을 잇는 지리적 특징을 갖고 있어 요리 재료가 다양하고, 필요량을 즉시 공급할 수 있기 때문에 재료의 신선함이 어느 나라보다 두드러진다. 문화적 다양성이 식재료와 음식의 다양성 및 요리의 특성으로 이어져 독특한 생활문화를 선도하고 있다. 이는 아시아와 아프리카, 아랍 및 지중해 중심의 풍성한 유럽의 음식문화가 스페인에 고스란히 남아 있는 것을 볼 수 있기 때문이다. 열정의 나라, 정열의 나라 스페인은 독특하고 색다른 음식문화를 맛볼 수 있는 21세기의 또 다른 묘미라고 할 수 있다.

3) 스페인 음식의 특징

(1) 향신료를 많이 사용한다

스페인 음식은 더운 지방의 음식답게 맛과 향이 강하여 매콤달콤하고 향신료를 많이 사용하는 특징을 가지고 있다. 특히 마늘을 매우 좋아하여 각종 요리에 즐겨 쓰며, 그 외에 고수(cilantro)라 불리는 허브와 육두구, 정향, 후추, 고추, 생강 등 다양한 향신료를 많이 사용한다.

(2) 올리브를 많이 사용한다

전 세계적으로 올리브를 가장 많이 생산하는 만큼 올리브유는 다양하게 쓰이는데 샐러드 드레싱에는 물론 수프에도 쓰이고 채소나 해물의 절임에도 이용된다.

(3) 유제품이 풍부하다

우유 외에도 양젖, 염소젖으로 만들어지는 요구르트나 치즈를 많이 먹는다.

(4) 특색 있는 포도주가 생산된다

스페인 남부와 북쪽의 리오하(Rioja) 지방은 지중해성 기후로서 연중 따뜻하고 강수량이 적당하여 포도재배에 최상의 조건을 갖추고 있어 유럽에서 대표적인 포도주 산지로 손꼽는다. 안달루시아 지방을 중심으로 생산되는 쉐리와인(Sherry wine)은 포도주를 증류하여 얻은 브랜디를 일부 첨가하여 도수를 높인다.

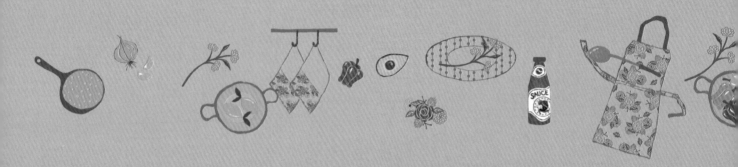

- Appetizer
- Soup
- Pasta
- Main Dish
- Dessert

PART 2

실기편

Caprese Salad
(Tomato and Mozzarella Cheese Salad)
카프리식 토마토 치즈 샐러드

재료

- 토마토(tomato)_60g
- 모차렐라 치즈(mozzarella cheese)_40g
- 바질(fresh basil)_15g
- 올리브오일(olive oil)_30ml
- 레몬주스(lemon juice)_10ml
- 소금 · 후추(salt & pepper)_pinch

만드는 방법

1. 중간 크기의 완숙 토마토를 깨끗하게 씻어서 웨지모양으로 자른다.

2. 모차렐라 치즈를 5mm 두께로 잘라 반달모양으로 자른다.

3. 접시에 1번과 2번을 교차하여 가지런하게 돌려놓는다.

4. 올리브오일 레몬주스 드레싱을 뿌린다.

5. 채 썬 바질을 뿌리고 중앙에 바질 잎으로 장식한다.

 Tip & Tip

1. 올리브오일 3과 레몬 1의 비율로 드레싱을 만든다.
2. 즉석에서 간 통후추와 소금으로 간을 한다.
3. 치즈를 자를 때 가능하면 남는 부분을 최소화하도록 언이어서 자른다.
4. 치즈의 남은 부분은 냉장 또는 냉동 보관하였다가 피자 등에 사용하면 된다.

Seafood Salad
해산물 샐러드

재료

- 새우(shrimp)_3ea
- 홍합(black mussel)_2ea
- 바지락(clam)_2ea
- 관자살(sea scallops)_2ea
- 연어살(salmon)_30g
- 오징어(cuttle fish)_30g
- 청피망(green pimento)_15g
- 홍피망(red pimento)_15g
- 황피망(yellow pimento)_15g
- 방울토마토(cherry tomato)_1ea
- 양파(onion)_20g
- 올리브오일(olive oil)_30ml
- 레몬주스(lemon juice)_10ml
- 처빌(chervil)_1sprig
- 소금 · 후추(salt & pepper)_pinch

만드는 방법

1. 홍합과 조개를 깨끗하게 씻는다.

2. 팬에 올리브오일을 두르고 양파를 볶다가 1번을 넣고 살짝 익힌다.

3. 오징어의 내장과 껍질을 제거한 후 링으로 잘라 살짝 데친다.

4. 새우와 관자살을 살짝 데친다.

5. 연어살이 부서지지 않도록 조심해서 살짝 데친 후 냉장고에 차게 보관한다.

6. 피망과 양파를 5mm 사각형으로 자른다.

7. 믹싱 볼에 위의 준비된 재료를 함께 넣는다.

8. 올리브오일, 레몬주스, 소금, 후추를 넣고 간을 맞춘다.

9. 접시에 가지런히 배열하고 방울토마토와 처빌을 장식한다.

Tip & Tip

1. 모든 해산물은 너무 많이 삶지 않는다. 특히 새우는 삶아서 껍질을 벗기면 좋다.
2. 홍합과 조개류는 삶으면 삶을수록 살이 오므라든다.
3. 새우와 조개류는 삶은 후 육수를 식혀서 육수 속에 넣어 보관하면 좋다.
4. 후추는 통후추를 즉석에서 갈아 사용하면 풍미가 좋다.

Assorted Canape
모둠 카나페

재료

- 새우(shrimp)_2ea
- 훈제연어(smoked salmon)_40g
- 연어알(salmon caviar)_30g
- 생선알(적)(lumpfish caviar red)_20g
- 생선알(흑)(lumpfish caviar black)_20g
- 달걀(egg)_2ea
- 오이(cucumber)_80g
- 식빵(toast bread)_2pc
- 마요네즈(mayonnaise)_10g
- 머스터드(mustard)_3g
- 레드 래디시(red radish)_1ea
- 레몬(fresh lemon)_1pc
- 파슬리(parsley)_5g
- 토마토케첩(tomato catchup)_2g

만드는 방법

1. 오이는 통째로 껍질을 벗겨서 1cm 크기로 6개 잘라 중앙부분을 절반쯤 파낸다.

2. 새우를 껍질째 삶아 놓는다.

3. 달걀을 냉수에 넣고 끓기 시작하면 12분간 삶은 후 냉수에 식힌다.

4. 식빵을 7mm 두께로 2장을 잘라 원형 커터를 이용하여 각각 5개씩 자른다.

5. 작은 볼에 마요네즈와 머스터드를 섞어 놓는다.

6. 3번의 잘라놓은 식빵에 4번의 소스를 윗면만 얇게 바른다.

7. 트레이에 5번이 준비된 식빵을 가지런히 놓는다.

8. 에그 슬라이서를 이용하여 달걀을 절단하여 각각의 빵 위에 놓는다.

9. 새우의 껍질을 벗긴 뒤 절반을 잘라 놓고 토마토케첩과 파슬리로 장식한다.

10. 훈제연어는 얇게 썰어서 장미모양으로 말아서 연어알로 장식한다.

11. 나머지는 연어알, 생선알을 놓고 마요네즈와 머스터드로 장식한다.

12. 레드 래디시를 모양을 내서 중앙에 놓고 파슬리로 장식한다.

1. 재료에 따라 모양은 다양하게 만들 수 있다.
2. 가능하면 장식은 호화스럽게 하는 게 좋다.
3. 식빵 위의 장식은 먹을 수 있는 재료만 사용한다.
4. 식빵은 구워서 사용해도 된다.
5. 손으로 집어서 먹을 수 있는 높이와 크기로 만들어야 한다.
6. 식빵 대신 일부는 크래커를 이용해도 좋다.
7. 은기를 사용할 때 냅킨을 깔면 달걀의 변색을 방지한다.

Timbale of Smoked Salmon and Pimento Salad

훈제연어와 피망 샐러드 팀발

재료

- 훈제연어(smoked salmon)_40g
- 달걀(egg)_1ea
- 청피망(green pimento)_20g
- 홍피망(red pimento)_20g
- 황피망(yellow pimento)_20g
- 양상추(lettuce)_20g
- 오렌지(orange)_1/8pc
- 방울토마토(cherry tomato)_1/2pc
- 마요네즈(mayonnaise)_30ml
- 레몬주스(lemon juice)_5ml
- 백포도주(white wine)_10ml
- 플레인 요구르트(plain yoghurt)_40ml
- 산딸기퓌레(raspberry puree)_10ml
- 처빌(fresh chervil)_1sprig
- 실파(chives)_1sprig
- 소금 · 후추(salt & pepper)_pinch

만드는 방법

1. 훈제연어는 껍질 쪽의 검은 부분이 없도록 손질하여 적당한 크기(0.3×4cm)로 자른다.
2. 피망을 직화로 껍질을 태워서 깨끗하게 제거한 후 채로 썬다.
3. 달걀을 흰자, 노른자로 분리하여 지단을 부친 후 채로 썬다.
4. 양상추를 가늘게 채친다.
5. 믹싱 볼에 마요네즈, 백포도주, 레몬주스, 소금, 후추를 넣고 드레싱을 만든다.
6. 훈제연어와 청 · 홍 · 황피망, 양상추를 각각의 그릇에 담고 5번의 드레싱으로 양념한다.
7. 원형몰드에 양상추, 홍 · 청 · 황피망, 달걀지단 그리고 훈제연어의 순서로 모양이 나도록 넣는다.
8. 접시의 중앙에 원형몰드를 놓은 후 내용물을 빼내고 상단에 오렌지, 방울토마토, 처빌, 차이브로 장식한다.
9. 산딸기 요구르트 소스를 곁들인다.

● 산딸기 요구르트 소스 만드는 방법

1. 믹싱 볼에 플레인 요구르트와 산딸기퓌레를 넣고 잘 섞는다.
2. 레몬주스 한 방울과 소금으로 간을 한다.

Fried Tuna Quenelle with Oyster Sauce

프라이드 참치 퀸넬과 생굴 소스

재료

- 참치(tuna fish)_75g
- 양파(onion chop)_20g
- 블랙올리브(black olive chop)_10g
- 레몬주스(lemon juice)_10m
- 브로콜리(broccoli)_ 20g
- 레몬웨지(lemon wedge)_1ea
- 밀가루(flour)_5g
- 식용유(salad oil)_150ml
- 감자(potatoes)_30g
- 생굴(fresh oyster)_1pc
- 생굴 드레싱(oyster dressing)_40ml
- 파슬리(parsley chop)_2g
- 바질(fresh basil)_1sprig
- 소금 · 후추(salt & pepper)_pinch

만드는 방법

1. 참치, 양파, 블랙올리브, 파슬리를 각각 곱게 다져 믹싱볼에 담아서 소금, 후추, 레몬주스로 양념하여 퀸넬로 만들어 표면에 밀가루를 살짝 묻혀서 식용유에 겉만 살짝 튀겨낸다.
2. 감자 껍질을 제거하고 5mm 두께로 잘라서 삶아 놓는다.
3. 생굴을 깨끗이 씻어서 끓는 물에 살짝 데친 다음 물기를 제거한다.
4. 믹서에 생굴과 생크림, 레몬주스, 화이트와인을 넣고 곱게 간 후 소금, 후추로 간을 한다.
5. 접시에 1을 놓고 브로콜리, 감자, 바질로 장식한다.
6. 2를 놓고 그 위에 생굴 드레싱과 파슬리를 뿌린다.

생굴 드레싱

재료

- 레몬주스(lemon juice)_5ml
- 생굴(fresh oyster)_3pc
- 생크림(fresh cream)_40ml
- 와인식초(white wine vinegar)_15ml
- 소금 · 후추(salt & pepper)_pinch

만드는 방법

1. 생굴을 끓는 물에 살짝 데친다(표면만 익도록).
2. 믹서에 모든 재료를 넣고 곱게 간다.
3. 소금, 후추로 간을 한다.

Shrimp Salad with Yoghurt Dressing

새우 샐러드와 요구르트 드레싱

재료

- 새우(중하)(shrimp medium)_3ea
- 양상추(lettuce head)_15g
- 로메인 레터스(romaine lettuce)_15g
- 그린 비타민(green vitamin)_15g
- 양파(onion)_15g
- 치커리(chicory)_15g
- 청피망(green pimento)_10g
- 홍피망(red pimento)_10g
- 황피망(yellow pimento)_10g
- 아스파라거스(asparagus)_20g
- 요구르트 드레싱(yoghurt dressing)_40ml

만드는 방법

1. 새우는 등쪽으로 이쑤시개를 이용하여 내장을 제거하고 껍질째 삶는다.

2. 아스파라거스 껍질을 살짝 벗긴 다음 삶아서 냉수에 식힌다.

3. 채소는 손으로 잘게 잘라서 깨끗한 물에 잠깐 담갔다 물기를 제거한다.

4. 속이 깊은 접시에 3번의 채소를 담고 삶아놓은 새우의 껍질을 벗겨 절반으로 잘라서 가장자리에 놓는다.

5. 아스파라거스, 피망, 토마토, 양파로 장식한다.

6. 요구르트 드레싱을 뿌려낸다.

● 요구르트 드레싱 만드는 방법

1. 믹싱 볼에 딸기요플레 1개, 레몬주스 1스푼, 올리브오일 2스푼을 넣고 믹서에 간다.

2. 소금, 후추로 간을 한다.

3. 드레싱이 너무 걸쭉하면 우유를 넣어서 농도를 조절한다.

Tip & Tip

1. 소스가 너무 달지 않도록 주의한다.
2. 샐러드에 오렌지 섹션 4개를 첨가해도 좋다.
3. 그린 샐러드는 다양하게 바꾸어 사용할 수 있다.

Timbale of Vegetable Mousse with Balsamic Dressing

채소 무스 팀발과 발사믹 드레싱

재료

- 당근(carrot)_30g
- 콜리플라워(cauliflower)_30g
- 브로콜리(broccoli)_30g
- 달걀(egg)_2개
- 생크림(fresh cream)_30ml
- 백포도주(white wine)_30ml
- 홍피망(red pimento)_10g
- 청피망(green pimento)_10g
- 황피망(yellow pimento)_10g
- 발사믹 비네그레트(balsamic vinaigrette)_20ml
- 처빌(chervil)_1sprig

만드는 방법

1. 브로콜리, 콜리플라워를 살짝 데쳐 놓는다.
2. 당근은 껍질을 벗기고 잘게 썰어서 삶아 놓는다.
3. 달걀을 노른자와 흰자로 분리한다.
4. 믹서로 브로콜리, 콜리플라워, 당근을 곱게 간다.
5. 각각의 믹싱볼에 소금, 후추로 간을 하고 흰자와 콜리플라워, 브로콜리와 노른자, 당근에 무스 양의 1/3씩을 각각 첨가한다.
6. 팀발 몰드 속에 녹인 버터를 골고루 바른다.
7. 먼저 당근을 넣고, 콜리플라워, 브로콜리 순서로 각 층이 잘 구별되도록 주의하여 담는다.
8. 알루미늄 포일로 뚜껑을 하여 95℃에서 중탕으로 약 15분간 익힌다.
9. 접시에 담고 피망 썬 것을 장식하고 발사믹 드레싱을 뿌려낸다.
10. 처빌을 장식하여 차갑지 않게 실내온도로 제공한다.

Tip & Tip

1. 두께를 조정하기 위해서는 양을 잘 조절해야 한다.
2. 층과 층 사이가 선명하기 위해서는 다음 층을 시작할 때 아주 조금씩 밑의 층을 완전히 덮은 다음에 넣으면 된다.
3. 중탕으로 익힐 때는 10분 쯤 지나서 뚜껑을 열고 가운데를 살짝 눌러본다.
4. 팀발 몰드에 이물질이 끼어 있으면 잘 빠지지 않으니 주의해야 한다.
5. 팀발 몰드에서 빼낼 때는 가장자리를 돌아가면서 살짝 눌러준 다음 빼면 효과적이다.

Cajun Chicken Salad with Orange Vinaigrette

케이준 치킨 샐러드와 오렌지 비네그레트

재료

- 닭 가슴살(chicken breast)_90g
- 케이준 시즈닝(cajun seasoning)_10g
- 양상추(lettuce head)_20g
- 꽃상추(flower lettuce)_20g
- 치커리(chicory)_20g
- 라디치오(radichio)_20g
- 팽이버섯(inoki mushroom)_10g
- 비트 루트(beet roots)_15g
- 방울토마토(cherry tomato)_2ea
- 양파(onion)_20g
- 오렌지 비네그레트(orange vinaigrette)_40ml
- 소금 · 후추(salt & pepper)_pinch

만드는 방법

1. 채소를 손으로 잘게 잘라서 깨끗한 물에 담갔다 꺼낸 뒤 물기를 제거한다.

2. 붉은 무(비트루트)는 삶아서 껍질을 벗기고 채를 쳐서 사용한다.

3. 닭 가슴살에 소금, 후추 그리고 케이준 양념을 해서 오일에 굽는다.

4. 샐러드 볼에 1번의 채소를 담고 비트와 팽이버섯 등으로 장식을 한다.

5. 3번의 구워놓은 닭 가슴살을 어슷썰기해서 놓는다.

6. 오렌지 비네그레트를 뿌려서 낸다.

● 오렌지 비네그레트 만드는 방법

1. 마요네즈 2 스푼에 양파 1 스푼, 오렌지 주스 30ml를 넣고 믹서에 곱게 간다.

2. 고운체로 거른 다음 소금, 후추, 레몬주스로 간을 한다.

Tip & Tip

1. 닭 가슴살을 구울 때 불이 세면 케이준 시즈닝이 빨리 새카맣게 타므로 낮은 온도에서 서서히 굽는다.
2. 닭고기가 너무 많이 익으면 맛이 퍽퍽하므로 주의해야 한다.
3. 서빙 시 닭고기는 차갑지 않게 한다.

Seafood Salad with Tomato Vinaigrette

해산물 샐러드와 토마토 비네그레트

재료

- 홍합(black mussel)_12ea
- 중합(clams)_6ea
- 새우(shrimp)_3pc
- 오징어(cuttle fish)_30g
- 청피망(green pimento)_20g
- 홍피망(red pimento)_20g
- 황피망(yellow pimento)_20g
- 치커리(chicory)_40g
- 파슬리 찹(parsley chopped)_5g
- 올리브오일(olive oil)_30ml
- 레몬주스(lemon juice)_10ml
- 양파(onion)_20g
- 토마토(tomato)_20g
- 백포도주(white wine)_20ml
- 소금 · 후추(salt & pepper)_pinch

만드는 방법

1. 홍합과 중합을 깨끗이 씻는다.
2. 소스 팬에 올리브오일을 넣고 양파를 볶다 1과 백포도주를 넣고 조개의 껍질이 벌어지면 뚜껑을 덮고 불을 끈다.
3. 오징어의 내장과 껍질을 제거하고 살짝 삶아서 링으로 자른다.
4. 새우의 내장을 제거하고 껍질째 삶은 다음 식혀서 껍질을 제거한다.
5. 피망과 토마토의 씨와 꼭지를 제거하고 7mm 정도의 사각형으로 썬다.
6. 믹싱볼에 올리브오일과 레몬주스를 넣고 소금, 후추로 간을 한 다음 5번과 오징어, 새우, 조개 삶은 것과 파슬리를 넣는다.
7. 접시에 치커리를 깔고 홍합을 가지런히 놓은 뒤 중앙에 6번을 놓고 파슬리를 뿌린다.

Seared Beef Carpaccio with Poached Egg and Caviar

살짝 익힌 쇠고기 카르파치오와 캐비아

재료

- 쇠고기 안심(beef tenderloin)_60g
- 머스터드(mustard)_10g
- 홍피망(red pimento)_10g
- 청피망(green pimento)_10g
- 달걀(egg)_1ea
- 캐비아(caviar)_10g
- 올리브오일(olive oil)_20ml
- 레몬주스(lemon juice)_7ml
- 처빌(chervil)_1sprig
- 민트(mint)_1sprig
- 소금 · 후추(salt & pepper)_pinch

만드는 방법

1. 쇠고기 안심에 머스터드를 바르고 소금, 후추를 뿌린 다음 랩으로 동그랗게 말아서 냉동보관한다.
2. 홍 · 청피망의 꼭지와 씨를 제거하고 3mm×3mm 크기로 자른다.
3. 수란을 만든다.
4. 1번의 안심이 얼었으면 슬라이스 기계를 이용하여 2mm 두께로 썰어서 접시에 놓는다.
5. 소금, 후추 그리고 피망을 뿌려서 샐러맨더에서 살짝 그을린다.
6. 올리브오일과 레몬주스를 뿌리고 중앙에 수란을 놓는다.
7. 수란 위에 캐비아를 올리고 처빌과 민트 잎으로 장식을 한다.

 Tip & Tip

1. 접시에 놓인 쇠고기는 옮기기가 어려우므로 처음부터 예쁘게 놓는다.
2. 샐러맨더에서는 쇠고기 표면이 살짝 그을리는 정도로 색을 낸다.
3. 수란은 3분 이상을 익히지 않는다.
4. 바게트 빵을 곁들이면 좋다.

Vegetable Terrine with White Wine Jelly and Tomato Coulis

백포도주 젤리의 채소테린과 토마토 쿨리

재료

- 브로콜리(broccoli)_50g
- 당근(carrot)_50g
- 레드 래디시(red radish)_30g
- 아스파라거스(asparagus)_30g
- 백포도주(white wine)_50ml
- 채소육수(vegetable stock)_100ml
- 판젤라틴(gelatine sheet)_6pc
- 레몬주스(lemon juice)_10ml
- 딜(fresh dil)_2g
- 베이비 당근(baby carrot)_1ea
- 토마토 쿨리(tomato coulis)_20ml

만드는 방법

1. 높이 5cm의 삼각 테린 몰드를 준비한다.
2. 당근을 지름 1cm 굵기의 원형으로 다듬어서 삶는다.
3. 브로콜리, 아스파라거스를 삶는다.
4. 판젤라틴을 냉수에 담가서 부드럽게 만든다.
5. 채소스톡에 4번을 넣어서 녹인 후 백포도주, 레몬주스, 딜, 소금, 후추로 간을 하여 30도 정도로 식힌다.
6. 테린 몰드에 아스파라거스, 당근, 레드 래디시, 브로콜리를 가지런히 모양을 내서 놓는다.
7. 준비된 5번을 가득 채워서 냉장고에 단단하게 굳힌다.
8. 냉장고에서 완전히 굳은 후 몰드에서 분리하여 1cm 두께로 썰어서 배열한다.
9. 토마토 쿨리를 뿌리고 베이비 당근으로 장식한다.

● Tomato coulis 만드는 방법

1. 끓는 물에 토마토를 넣어서 껍질을 제거한다.
2. 토마토 꼭지와 씨를 제거한 후 잘게 다진다.
3. 양파를 잘게 다져서 소스 팬에 버터를 넣고 볶다가 2번을 넣는다.
4. 오레가노와 바질을 첨가한다.
5. 닭 육수를 조금 첨가하여 조린다.
6. 믹서에 곱게 갈아서 고운체로 거른 다음 소금, 후추로 간을 한다.
7. 토마토의 색깔이 충분치 않을 때는 3번에 토마토 페이스트를 소량 첨가한다.

Gratinated Fresh Oyster Kilpatrick

베이컨 소스의 생굴그라탱

재료

- 생굴(fresh oyster)_6ea
- 베이컨(bacon)_60g
- 양파(onion chop)_40g
- 버터(butter)_10g
- 화이트와인(white wine)_20ml
- 파슬리(parsley chop)_5g
- 홀랜다이즈 소스(Hollandaise sauce)_60ml
- 레몬(fresh lemon)_1/2pc
- 바질(fresh basil)_1sprig
- 핑크소금(pink colored salt)_pinch

만드는 방법

1. 생굴을 깨끗하게 씻어서 껍질을 깐다.
2. 생굴을 껍질과 분리하여 백포도주에 살짝 익힌다.
3. 베이컨을 잘게 다진다.
4. 양파를 곱게 다진다.
5. 소스 팬에 베이컨을 넣고 갈색이 날 때까지 볶은 후 종이타월을 이용하여 기름기를 제거한다.
6. 버터 두른 소스 팬에 양파를 볶다 투명해지면 5번과 백포도주를 넣는다.
7. 홀랜다이즈 소스를 만든다.
8. 생굴 껍질에 2번을 놓고 그 위에 5번을 덮은 뒤 후추를 갈아서 뿌린다.
9. 8번 위에 홀랜다이즈 소스를 얹고 샐러맨더에서 그라탱을 한다.
10. 연한 갈색이 나면 파슬리 다진 것을 뿌려서 낸다.
11. 접시에 적색 식용색소를 이용하여 핑크색으로 염색한 소금을 깔고 그 위에 놓는다.
12. 레몬과 바질 잎으로 장식한다.

● Hollandaise sauce 만드는 방법

1. 버터를 녹여서 70~80℃ 정도로 맑게 정제한다.
2. 소스 팬에 물과 백포도주, 타라곤 잎, 통후추 으깬 것을 넣고 스톡을 만든다.
3. 2번을 거즈수건을 이용하여 거른다.
4. 달걀 노른자와 3번의 스톡을 1:1로 밑이 둥근 스테인리스 믹싱볼에 넣는다.
5. 80℃ 정도의 물 위에 4번을 올려놓고 거품기로 거품을 내면서 사바롱을 만든다.
6. 5번이 걸쭉해지면 1번을 조금씩 첨가하면서 마요네즈 만드는 방법으로 소스를 만든다.

Tip & Tip

1. 베이컨을 너무 덜 구우면 기름이 많이 나와서 좋지 않다.
2. 베이컨에 간이 있으므로 소금은 넣지 않는다.
3. 홀랜다이즈 소스를 만들 때 스크램블드 에그가 되지 않도록 온도에 주의해야 한다.
4. 홀랜다이즈 소스는 더운 소스이므로 따뜻하게 보관한다.
5. 홀랜다이즈 소스를 만들 때 뜨거운 물이나 화이트와인을 첨가하면 묽어진다.

Gratinated Fresh Oyster Rockefellar

시금치 크림의 생굴 그라탱

재료

- 생굴(fresh oyster)_6ea
- 시금치(spinach)_90g
- 양파(onion)_20g
- 백포도주(white wine)_20ml
- 마늘(garlic)_5g
- 생크림(fresh cream)_80ml
- 홀랜다이즈 소스(Hollandaise sauce)_60ml
- 소금 · 후추(salt & pepper)_pinch

만드는 방법

1. 생굴을 깨끗하게 씻어서 껍질을 깐다.

2. 생굴을 껍질과 분리하여 백포도주로 살짝 데친다.

3. 시금치를 깨끗하게 씻어서 끓는 물에 살짝 데친다.

4. 데친 시금치의 물기를 제거하고 곱게 다진다.

5. 양파와 마늘을 다진다.

6. 소스 팬에 버터를 두르고 양파와 마늘을 볶다가 4번을 넣는다.

7. 6번에 백포도주를 넣고 조금 조린 후 생크림을 넣고 소금, 후추로 간을 하여 걸쭉한 크림시금치를 만든다.

8. 생굴껍질에 7번을 조금씩 놓은 후 익힌 굴을 놓고 그 위에 7번을 덮는다.

9. 홀랜다이즈 소스를 위에 덮고 샐러맨더에서 그라탱을 한다.

10. 접시에 담고 레몬으로 장식을 한다.

Tip & Tip

1. 시금치 잎의 중앙 줄기를 제거한다.
2. 삶은 시금치 잎은 가능한 잘게 다진다.
3. 시금치 소스는 너무 묽지 않게 만든다.

King Crab Meat and Celery Salad with Avocado

왕게 다리살, 셀러리 샐러드와 아보카도

재료

- 왕게살(king crab meat)_60g
- 셀러리(celery)_40g
- 아보카도(avocado)_1/4ea
- 양파(onion)_20g
- 엔다이브(endives)_15g
- 라디치오(radichio)_10g
- 토마토(tomato)_20g
- 붉은 무(beet root)_25g
- 홍 · 청피망(red & green pimento)_10g
- 오렌지 비네그레트(orange vinaigrette)_30ml
- 건조사과(dried apple)_1pc
- 건조단감(dried persimmon)_1pc
- 로즈메리(rosemary)_1sprig
- 처빌(chervil)_1sprig
- 소금 · 후추(salt & pepper)_pinch

만드는 방법

1. 게살을 잘게 찢어 놓는다.

2. 셀러리의 껍질을 벗기고 5cm 길이로 잘라서 가늘게 채 썬다.

3. 믹싱 볼에 담고 올리브오일, 레몬주스, 소금, 후추를 넣어 무친다.

4. 접시에 아보카도를 세로로 잘라놓고 라디치오와 엔다이브를 놓는다.

5. 3번을 중앙에 놓는다.

6. 붉은 무와 감, 건조사과로 장식한다.

7. 홍 · 청피망을 동그랗게 잘라놓고 오렌지 비네그레트와 머스터드 소스를 곁들인다.

8. 처빌과 로즈메리로 장식한다.

Tip & Tip

1. 아보카도는 껍질이 보라색이 나고 약간 무른 느낌이 있는 것이 잘 익은 것이다. 그러나 과육에 검은 점이 있으면 사용할 수 없다.
2. 아보카도는 과육을 벗긴 뒤 공기 중에 노출되면 갈변되는데 이때 레몬주스를 묻혀 놓으면 갈변을 막을 수 있다.
3. 게살을 찢을 때 얇고 투명한 뼈를 제거한다.
4. 허니 발사믹 소스는 발사믹식초에 벌꿀을 첨가하여 절반으로 조려서 만든다.

Dried Beef with Mango and Honey Melon

망고와 멜론을 곁들인 드라이 비프

재료

- 드라이 비프(dried beef)_40g
- 애플 망고(apple mango)_40g
- 허니 멜론(honey melon)_60g
- 레드 래디시(red radish)_1ea
- 그린 잎(green leaves)_1sprig

만드는 방법

1. 머스크멜론을 모양을 내서 자른다.

2. 망고는 껍질을 제거하고 세로로 자른다.

3. 1번과 2번을 접시에 장식한다.

4. 드라이 비프를 0.5mm로 잘라 말아서 접시의 중앙에 돌려가며 놓는다.

5. 레드 래디시와 그린 잎으로 중앙을 장식한다.

 Tip & Tip

1. 건육제품은 짜고 단단하기 때문에 가능한 얇게 썰어서 사용한다.
2. 썬 면이 공기 중에 누출되면 색깔이 검게 변하므로 사용 후에는 잘 포장해서 냉장 또는 냉동 보관한다.
3. 대부분의 건육제품은 과일을 곁들여 먹으며 별도의 소스를 필요로 하지 않는다.

Beef Carpaccio
with Mushroom Salad

버섯 샐러드를 곁들인 비프 카르파치오

재료

- 쇠고기 안심(beef tenderloin)_60g
- 머스터드(mustard)_10g
- 홍피망(red pimento)_5g
- 황피망(yellow pimento)_10g
- 올리브오일(olive oil)_30ml
- 레몬주스(lemon juice)_7ml
- 딜(dill)_1sprig
- 양송이버섯(mushroom)_30g
- 소금 · 후추(salt & pepper)_pinch

만드는 방법

1. 쇠고기 안심에 머스터드를 바르고 소금, 후추를 뿌린 다음 뜨거운 프라이 팬에 식용유를 넣고 표면을 살짝 익혀 랩으로 동그랗게 말아서 냉동보관한 다.

2. 홍피망과 황피망의 꼭지와 씨를 제거하고 3mm×3mm 크기로 자른다.

3. 슬라이스기계를 이용하여 1번을 2mm 두께로 썰어 접시에 놓는다.

4. 3번에 소금, 올리브오일과 레몬주스 그리고 으깬 통후추를 뿌린다.

5. 양송이를 썰어서 올리브오일과 레몬주스, 소금, 후추를 넣고 샐러드를 만들 어 접시의 중앙 그린 잎 위에 놓는다.

6. 레드 래디시와, 피망 그리고 딜 잎으로 장식한다.

Tip & Tip

1. 접시에 놓인 쇠고기는 옮기기가 어려우므로 처음부터 예쁘게 놓는다.
2. 양송이는 신선하고 색이 하얀 것을 사용한다.
3. 바게트 빵을 곁들이면 좋다.

Glaved Lax with Honey Mustard Sauce

스칸디나비안식 연어절임과 허니머스터드 소스

재료

- 연어살(filet of salmon)_200g
- 소금(salt)_20g
- 설탕(sugar)_20g
- 브랜디(brandy)_5ml
- 백포도주(white wine)_20ml
- 딜(dill)_10g
- 파슬리 다진 것(parsley chopped)_10g
- 통후추(crushed black pepper)_5g
- 샐러드 부케(salad bouquet)_1ea
- 방울토마토(cherry tomato)_1ea
- 허니머스터드 소스(honey mustard sauce)_20ml

만드는 방법

1. 연어살의 중간에 세로로 박힌 가시를 제거한다.
2. 트레이에 담고 브랜디를 바른 다음 백포도주와 레몬주스를 뿌린다.
3. 통후추 부순 것을 뿌리고 딜과 다진 파슬리를 골고루 펴서 뿌린다.
4. 설탕과 소금을 1.5 : 1의 비율로 섞어서 위에 골고루 뿌린다.
5. 랩으로 덮어서 냉장고에서 4시간이 지나면 뒤집어서 4시간을 더 둔다.
6. 얇게 썰어서 접시에 담는다.
7. 샐러드 부케를 만들어 장식하고 방울토마토를 곁들인다.
8. 허니머스터드 소스를 곁들인다.

● 허니머스터드 소스 만드는 방법

1. 머스터드 1스푼에 연어 절인 국물 1티스푼을 넣는다.
2. 1에 벌꿀 1/2티스푼을 넣고 골고루 섞는다.
3. 농도가 진하면 생크림을 조금 넣는다.

Tuna Fish Tartar with Mustard and Balsamic Sauce

참치 타타르와 머스터드 발사믹 소스

재료

- 참치(tuna fish)_120g
- 양파(onion)_20g
- 케이퍼(caper)_5g
- 레몬주스(lemon juice)_10ml
- 파슬리 찹(parsley chopped)_5g
- 백포도주(white wine)_20ml
- 샐러드 부케(salad bouquet)_1ea
- 레몬(lemon)_1/6pc
- 식용화(edible flower)_1ea
- 머스터드 소스(mustard sauce)_10ml
- 발사믹 소스(balsamic sauce)_10ml
- 소금 · 후추(salt & pepper)_pinch

만드는 방법

1. 참치를 잘게 다진다.
2. 양파와 케이퍼를 곱게 다진다.
3. 파슬리를 곱게 다진다.
4. 믹싱 볼에 1번과 2번을 넣고 소금, 후추, 파슬리 찹, 레몬주스로 간을 맞춘다.
5. 스푼 두 개로 퀸넬 3개를 만들어 접시에 놓는다.
6. 샐러드 부케를 만들어 접시에 담고 식용화와 레몬으로 장식한다.
7. 머스터드 소스와 발사믹 소스를 곁들인다.

 Tip & Tip

1. 참치는 완전히 해동되지 않은 상태에서 썰어야 잘 썰어진다.
2. 냉동참치는 소금물에 표면을 씻어서 냉장고에서 해동시키면 좋다.

Quenelle of Beef Tartar with Balsamic Sauce

비프 타타르와 발사믹 소스

재료

- 쇠고기 안심(beef tenderloin)_120g
- 양파(onion)_20g
- 케이퍼(caper)_5g
- 레몬주스(lemon juice)_10ml
- 파슬리 찹(parsley chopped)_5g
- 백포도주(white wine)_20ml
- 샐러드 부케(salad bouquet)_1ea
- 레몬(lemon)_1/6ea
- 감 말린 것(dried persimmon)_1pc
- 식용화(edible flower)_1ea
- 치즈스틱(cheese stick)_1ea
- 발사믹 소스(balsamic sauce)_20ml
- 소금 · 후추(salt & pepper)_pinch

만드는 방법

1. 쇠고기 안심을 잘게 다진다.

2. 양파와 케이퍼를 곱게 다진다.

3. 파슬리를 곱게 다진다.

4. 믹싱 볼에 1번과 2번을 넣고 소금, 후추, 파슬리, 레몬주스로 간을 맞춘다.

5. 스푼 두 개로 퀸넬 3개를 만들어서 접시에 놓는다.

6. 샐러드 부케를 접시에 담고 식용화와 레몬으로 장식한다.

7. 치즈스틱과 발사믹 소스를 곁들인다.

Salad of Smoked Duck Breast with Raspberry Sauce

훈제 오리가슴살 샐러드와
산딸기 소스

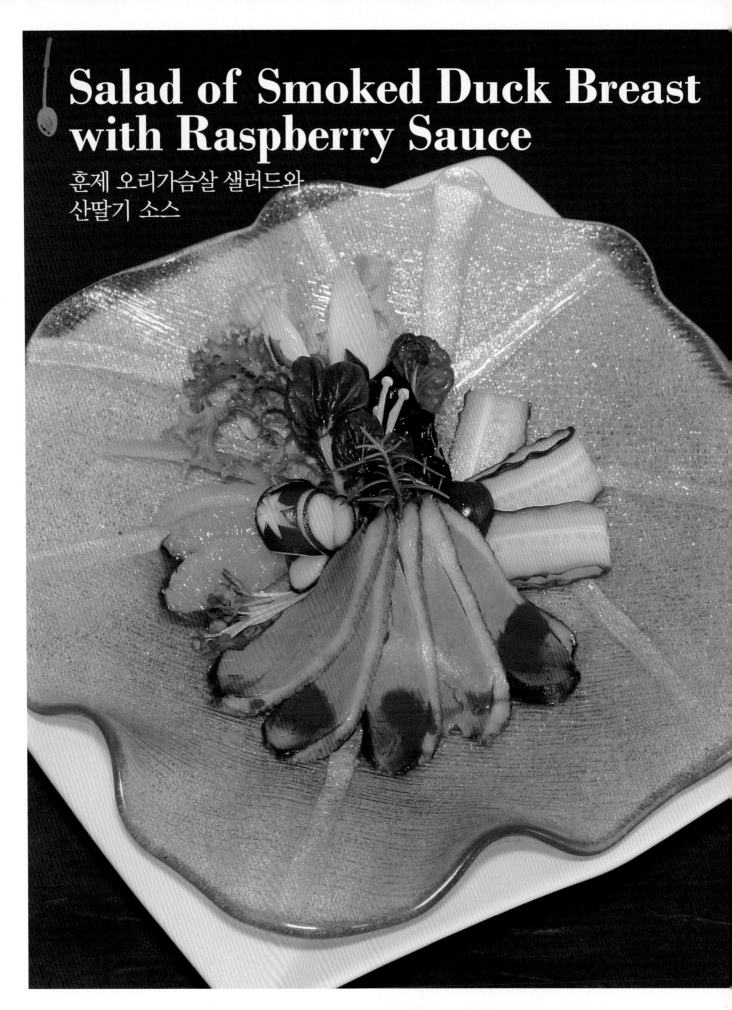

 재료

- 훈제 오리가슴살(smoked duck breast)_1pc
- 샐러드 부케(salad bouquet)_1ea
- 오이(cucumber)_30g
- 오렌지 웨지(orange wedge)_2pc
- 방울토마토(cherry tomato)_1ea
- 레드 래디시(red radish)_1ea
- 산딸기 소스(raspberry sauce)_30ml
- 무순(radish sprout)_적당량
- 로즈메리(rosemary)_적당량
- 비네그레트 드레싱(vinaigrette dressing)_20ml

만드는 방법

1. 샐러드 부케와 오이 썬 것을 접시에 담고 비네그레트 드레싱을 뿌린다.

2. 오렌지 웨지와 레드 래디시로 장식한다.

3. 훈제 오리가슴살을 얇게 썰어서 가지런히 놓는다.

4. 산딸기 소스를 곁들인다.

5. 무순과 로즈메리로 장식한다.

 Tip & Tip

1. 훈제 오리가슴살은 오븐에서 따뜻하게 하여 서빙하면 좋다.
2. 껍질 벗겨 가늘게 채 썬 뒤 바삭하게 튀겨서 사용하면 좋다.

Braised Snail with Red Wine and Roquefort Cheese Sauce

달팽이 와인찜과 로크포르치즈 소스

재료

- 달팽이(snail)_6ea
- 레드와인(red wine)_40ml
- 버터(butter)_20g
- 양파(onion)_30g
- 브라운 소스(brown sauce)_30ml
- 피스타치오(pistachio)_10g
- 파슬리 찹(parsley chopped)_2g
- 레몬웨지(lemon wedge)_1ea
- 치즈스틱(cheese stick)_1ea
- 레몬껍질(lemon peel)_pinch
- 소금 · 후추(salt & pepper)_pinch

만드는 방법

1. 소스 팬에 버터를 두르고 양파를 볶다 달팽이를 넣고 브랜디로 화염을 한다.
2. 레드와인과 브라운 소스를 첨가하여 조린다.
3. 볶은 달팽이 위에 로크포르치즈 소스를 덮고 피스타치오, 파슬리, 레몬껍질을 뿌린다.
4. 치즈스틱과 레몬웨지를 곁들인다.

로크포르치즈 소스

재료

- 생크림(fresh cream)_30ml
- 로크포르치즈(rockfort cheese)_10g
- 양파(onion)_20g
- 버터(butter)_5g
- 우유(milk)_20ml
- 밀가루(flour)_5g

만드는 방법

1. 버터를 녹여 밀가루와 1 : 1로 Roux를 약한 불에 천천히 볶는다.
2. 농도를 조절하기 위해 생크림을 첨가한다.
3. 양파를 볶다가 2에 넣는다.
4. 로크포르치즈를 넣고 간을 맞춘다.
5. 우유로 색과 농도를 조절한다.

Seared Red Tuna Fish Carpaccio with Black Seasame Crust and Oriental Sauce

검은깨로 감싼 참치 카르파치오와 오리엔탈 소스

재료

- 레드참치(red tuna fish)_80g
- 검은깨(black sesame)_20g
- 올리브오일(olive oil)_20ml
- 레몬(lemon)_1/3ea
- 오리엔탈 소스(oriental sauce)_40ml
- 머스터드 소스(mustard sauce)_10ml
- 치커리(chicory)_20g
- 그린 비타민(green vitamin)_10g
- 붉은 무(beet roots)_10g
- 버섯(mushroom)_20g
- 딜(dill)_1sprig
- 소금 · 후추(salt & pepper)_pinch

만드는 방법

1. 소금물로 레드참치의 표면을 닦아서 서서히 1/3 정도 해동한다.
2. 참치의 표면에 소금, 후추와 밀가루를 바르고 달걀을 바른 다음 검은깨를 묻힌다.
3. 뜨거운 프라이팬에 올리브오일을 두르고 2번의 표면만 살짝 익힌다.
4. 랩으로 감싸서 냉장고에 30분간 저장한다.
5. 접시 중앙에 채소로 장식하고 비네그레트 드레싱을 뿌린다.
6. 4번의 준비된 레드참치를 얇게 썰어 접시에 담는다.
7. 오리엔탈 소스와 머스터드 소스를 곁들인다.

오리엔탈 소스

재료

- 간장(soy sauce)_2tbsp
- 정종(rice wine)_2tbsp
- 물(water)_2tbsp
- 굴소스(oyster sauce)_1tsp
- 레몬주스(lemon juice)_1tsp
- 참기름(sesame oil)_1/2tsp
- 감자전분(potato starch)_1tsp

만드는 방법

1. 간장, 정종, 물, 참기름, 굴 소스를 넣고 살짝 끓인다.
2. 레몬주스를 첨가하고 전분을 이용하여 농도를 조정한다.

Tip & Tip

1. 참치를 구워서 곧바로 사용하면 표면에 붙은 참깨가 부스러지므로 랩으로 감싼 다음 30분 이상 냉장고에서 휴지시켜야 한다.

Rolled Smoked Salmon with Herb Cream Cheese

훈제연어 허브크림치즈 롤

재료

- 훈제연어(smoked salmon)_40g
- 크림치즈(cream cheese)_40g
- 케이퍼(caper)_5g
- 딜(dill)_5g
- 파슬리 찹(parsley chopped)_5g
- 레몬주스(lemon juice)_5ml
- 샐러드 부케(salad bouquet)_1ea
- 레몬웨지(lemon wedge)_1ea
- 허니머스터드 소스
  (honey mustard sauce)_15ml
- 소금 · 후추(salt & pepper)_pinch

만드는 방법

1. 훈제연어를 얇게 썰어서 랩을 깔고 그 위에 놓는다.

2. 곱게 다진 딜, 파슬리, 케이퍼와 레몬주스를 크림치즈에 넣어 혼합한다.

3. 1번에 2번을 얇게 펴서 훈제연어 크림치즈 롤을 만든다.

4. 5쪽으로 잘라 접시에 놓는다.

5. 샐러드 부케를 놓고 비네그레트를 뿌린다.

6. 레몬웨지를 놓고 머스터드 소스를 곁들인다.

Tip & Tip

1. 크림치즈를 너무 무르지 않도록 한다.
2. 준비된 연어와 크림치즈를 냉동고에서 1시간 정도 휴지시킨 후 자르면 모양을 예쁘게 할 수 있다.

Fried Tiger Prawns
새우구이

재료

- 새우(중하)(prawn)_5ea
- 방울토마토(cherry tomato)_5ea
- 마늘(garlic)_3pc
- 올리브오일(olive oil)_50ml
- 발사믹(balsamic)_10ml
- 베이비채소(baby vegetable)_100g
- 바질페스토(basil pesto)_20ml
- 화이트와인(white wine)_20ml
- 레몬(lemon)_1/4ea
- 소금(salt)_3g
- 후추(pepper)_1g

만드는 방법

1. 새우의 껍질과 내장을 제거한 후 올리브오일, 화이트와인, 레몬즙, 소금을 넣고 잰다.
2. 방울토마토를 끓는 물에 살짝 데쳐 껍질 제거 후 반으로 자른다.
3. 새우를 올리브오일에 볶다가 방울토마토를 넣고 바질페스토를 살짝 뿌려 마무리한다.
4. 접시에 방울토마토를 넣고 위에 볶은 새우를 올리고 베이비채소를 예쁘게 장식한다.

Fried Duck Breast and Sea Scallops

오리가슴살과 관자살구이

재료

- 관자살(sea scallops)_3ea
- 오리가슴살(duck breast)_30g
- 레드 파프리카(red pimento)_30g
- 토마토(tomato)_50g
- 양파(onion)_20g
- 사과 또는 키위(apple or kiwi)_20g
- 파슬리(parsley chopped)_1g
- 올리브오일(olive oil)_100ml
- 레몬(lemon)_1ea
- 소금(salt)_5g
- 통후추(black pepper)_2g

만드는 방법

1. 관자살을 올리브오일과 레몬즙에 재운 후 살짝 굽는다.
2. 오리가슴살에 소금, 후추를 뿌려 프라이팬에 구운 후 관자살 크기로 자른다.
3. 파프리카는 작은 주사위 모양으로 자른 후 소금물에 살짝 데친다.
4. 양파, 사과, 키위는 작은 주사위 모양으로 자른다.
5. 토마토의 껍질과 씨를 제거하고 작게 콩카세(주사위 모양)한다.
6. 파슬리를 곱게 다져 거즈로 물기를 제거한다.
7. 올리브오일에 다진 파슬리, 소금, 후추, 레몬주스를 넣고 양념을 한다.
8. 3, 4, 5의 재료를 모두 섞는다.
9. 준비된 접시에 8의 재료를 놓고 오리가슴살, 구운 관자살을 올려 장식한다.
10. 마지막으로 다진 파슬리와 올리브오일을 섞어 그 위에 뿌려준다.

Borschtsch
(Vegetable Soup with Red Beets and Sour Cream)
러시안식 채소 수프

재료

- 대파 흰 부분(leek white part)_5g
- 당근(carrots)_10g
- 무(turnip)_10g
- 셀러리(celery)_10g
- 토마토(tomato)_10g
- 감자(potato)_10g
- 쇠고기(양지)(beef brisket)_30g
- 비트(순무)(beet roots)_15g
- 사워크림(sour cream)_1 tbsp
- 쇠고기육수(beef stock)_150ml
- 비트 삶은 물(beet roots stock)_50ml
- 실파(chives)_3g
- 검은 빵(선택)(pumpernickel)_1/2pc

만드는 방법

1. 양지머리에 양파, 대파, 셀러리 등의 부스러기를 넣고 삶아 놓는다.

2. 순무를 깨끗하게 씻어서 껍질째 삶아 놓는다.

3. 삶은 쇠고기를 5mm×5mm×30mm의 크기로 성냥개비 모양으로 자른다.

4. 무, 감자, 셀러리를 3번과 같이 자른다.

5. 1번과 2번의 육수를 비율(2 : 1)대로 섞은 다음, 3번과 4번의 재료를 넣고 끓인다. (끓기 시작하면 약한 불로 은근하게 재료를 완전히 익힌다).

6. 완성된 수프는 접시에 담고 위에 사워크림을 얹고 실파 썬 것을 뿌려서 제공한다.

7. 검은 빵을 함께 제공하면 좋다.

Tip & Tip

1. 비트를 삶을 때 가능하면 껍질에 상처를 내지 않아야 삶은 후 고운 색을 얻을 수 있다.
2. 샐러드용으로 삶을 때는 식초를 조금 첨가하면 고운 색깔을 유지할 수 있다.

Mulligatawny Soup

인도식 닭고기 채소 수프

Soup

재료

- 양파(onion chopped)_10g
- 당근(carrot brunoise)_10g
- 셀러리(celery brunoise)_10g
- 사과(apple brunoise)_10g
- 닭고기(chicken brunoise)_20g
- 밀가루(중력)(flour)_0.2tsp
- 커리가루(curry powder)_0.1tsp
- 닭고기 육수(chicken stock)_250ml
- 쌀밥(rice)_20g
- 파슬리(parsley chopped)_1g
- 우유(milk)_1tbsp
- 식용유(salad oil)_1tbsp
- 월계수(bay leaf)_1ea
- 타임(thyme)_pinch
- 소금(salt)_pinch
- 흰 후추(white pepper)_pinch
- 레몬껍질(lemon peel)_pinch

만드는 방법

1. 소스 팬에 식용유를 넣고 양파, 당근, 셀러리가 갈색이 되지 않도록 살짝 볶는다.
2. 1번에 밀가루와 커리가루를 넣고 살짝 볶는다.
3. 닭고기 육수와 월계수 잎을 넣고 약한 불로 약 15분간 끓인다.
4. 사과, 쌀밥, 닭고기, 타임, 소금, 후추, 레몬껍질을 넣고 약 15분간 약한 불에 끓인다.
5. 제공하기 직전 뜨거운 우유 또는 코코넛 우유를 첨가한다.
6. 파슬리 다진 것을 약간 뿌린다.

** 브뤼누아즈(brunoise) : 3mm 정육면체로 자른다.

Beef Consomme Royal

쇠고기 콩소메 로얄

재료

- 셀러리(celery chopped)_10g
- 당근(carrot chopped)_10g
- 양파(onion chopped)_20g
- 쇠고기(minced beef chopped)_80g
- 토마토(완숙)(tomato)_20g
- 월계수 잎(bay leaf)_1ea
- 타임(thyme)_pinch
- 갈색육수(brown stock)_500ml
- 난백(egg white)_1ea
- 달걀(egg)_1ea
- 백포도주(white wine)_30ml
- 양파링(onion ring)_1ea

만드는 방법

1. 쇠고기는 지방을 제거하여 곱게 다지고 달걀 흰자를 약간의 거품을 내서 섞는다.
2. 1번에 양파, 당근, 셀러리 다진 것을 넣고 골고루 섞는다.
3. 2번에 백포도주와 월계수 잎, 타임과 새까맣게 구운 양파링을 넣고 섞는다.
4. 달걀의 노른자와 흰자를 분리하여 얇은 지단을 만든 다음 다이아몬드 모양으로 자른다.
5. 스톡냄비에 4번의 재료와 갈색육수를 넣고 중간 정도의 불에 올려 나무주걱으로 저으면서 95℃ 정도에서 내용물 가운데 구멍을 조그맣게 만들고 가볍게 끓도록 불의 온도를 낮추어서 약한 불로 1시간 정도 서서히 끓인 다음 불을 끄면 내용물이 아래로 가라앉는다. 국자를 이용하여 거즈수건으로 걸러서 사용한다.

** 콩소메 수프는 최대한 기름기가 없어야 한다. 기름기가 있으면 깨끗한 종이 냅킨을 이용하여 콩소메 위에 올려서 기름기를 흡착시키는 방법으로 반복하여 제거한다.

● 에그 로얄 만드는 방법

1. 난황 2개와 물 30ml 를 혼합하여 중탕으로 익힌다.
2. 난백을 잘 풀어 중탕으로 익힌다.
3. 1번과 2번이 완전히 익으면 식혀서 다이아몬드형으로 자른다.

Tip & Tip

1. 콩소메 로얄은 일반적으로 난황만 이용하지만 여기서는 난백도 함께 이용한다.

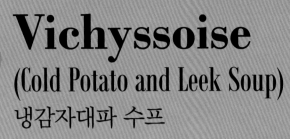

Vichyssoise
(Cold Potato and Leek Soup)
냉감자대파 수프

재료

- 대파 흰 부분(leek white part)_30g
- 감자(potato)_80g
- 양파(onion)_10g
- 닭육수(chicken stock)_200ml
- 생크림(fresh cream)_30ml
- 버터(butter)_10g
- 올리브오일(olive oil)_10ml
- 식빵(toast bread)_1/2pc
- 소금 · 후추(salt & pepper)_pinch

만드는 방법

1. 대파와 양파, 감자 껍질을 제거한 후 적당한 크기로 자른다.

2. 소스 팬에 올리브오일과 버터를 넣고 1번의 재료를 색이 나지 않도록 살짝 볶는다.

3. 2번에 닭육수를 넣고 재료가 충분히 익을 때까지 약한 불로 익힌 다음 믹서나 고운체를 이용하여 곱게 만든다.

4. 3번이 완성되면 생크림을 첨가하여 농도를 조절하고 소금과 백후추로 간을 한 다음 냉수에 담가서 식힌다.

5. 준비된 식빵을 5mm 정도의 정육각형으로 잘라 프라이팬을 이용하여 갈색의 크루통(croutons)을 만든다.

6. 접시에 담고 대파, 감자, 크루통으로 장식을 한다.

Tip & Tip

1. 냉 수프와 더운 수프를 사용할 수 있으며, 만드는 방법은 같다.
2. 냉 수프로 만들 때는 더운 수프보다 농도를 묽게 만들어야 한다. 식으면서 더 걸쭉하게 된다는 것을 생각해야 한다.
3. 감자를 5mm의 정육면체로 잘라 삶아서 고명으로 이용한다.

Clear Chicken Barley Soup

맑은 닭고기 보리 수프

재료

- 닭고기(chicken)_50g
- 셀러리(celery)_10g
- 당근(carrot)_10g
- 무(turnip)_10g
- 양파(onion)_20g
- 통보리쌀(whole barley)_20g
- 파슬리(parsley chopped)_0.1g
- 월계수 잎(bay leaf)_1ea
- 냉수(cold water)_500ml
- 소금 · 후추(salt & white pepper)_pinch

만드는 방법

1. 닭고기에 냉수, 미르포아(mirepoix)와 월계수 잎을 넣고 약한 불로 익힌다.

2. 1번의 삶은 닭고기와 셀러리, 당근, 무, 양파를 사각(brunoise)으로 썬다.

3. 1번의 육수를 깨끗하게 거른 다음 통보리쌀을 넣고 중간 정도 익힌다.

4. 3번에 1번을 첨가하여 완전히 익힌다.

5. 소금과 후추로 간을 한 다음 접시에 담고 다진 파슬리를 뿌린다.

 Tip & Tip

1. 닭고기와 채소가 수프 전체량의 2/3 정도가 되도록 한다.
2. 보리쌀은 충분히 익힌다.
3. 닭육수는 98℃ 이하에서 서서히 끓도록 만들어야 맑게 만들 수 있다.
4. 미르포아는 양파, 대파(흰 부분), 당근, 셀러리를 잘게 잘라서 2 : 1 : 1 : 1의 비율로 섞어 사용한다.

Creamy Sweet Corn Chowder
옥수수 차우더 수프

재료

- 옥수수(corn kernel)_80g
- 양파(onion)_25g
- 청피망(green pimento)_20g
- 홍피망(red pimento)_20g
- 베이컨(bacon)_20g
- 버터(butter)_10g
- 생크림(fresh cream)_35ml
- 닭육수(chicken stock)_60ml
- 백포도주(white wine)_20ml
- 파슬리 찹(parsley chopped)_2g
- 소금 · 후추(salt & pepper)_pinch

만드는 방법

1. 양파, 베이컨, 청 · 홍 피망을 5mm×5mm 크기로 자른다.

2. 수프냄비에 버터를 두르고 베이컨을 살짝 볶은 다음 양파, 피망을 넣고 살 짝(색이 나지 않도록) 볶은 후 와인을 첨가한다.

3. 옥수수는 캔을 따서 국물의 절반은 믹서에 갈아서 굵은 채를 사용하여 껍 질을 제거하고 나머지는 그냥 2번에 넣고 30분 정도 끓인다.

4. 크림을 넣고 농도를 조절한다.

5. 소금, 후추로 간을 맞춘 후 제공한다.

6. 컵에 담고 옥수수 알을 위에 장식한다.

7. 수프는 컵이나 볼 어느 것이든 무방하다.

Tip & Tip

1. 차우더 수프는 농도를 조금 걸쭉하게 한다.
2. 옥수수 알이 통째로 너무 많이 들어가지 않도록 한다.
3. 수프의 색깔은 약간 노란색이 나도록 한다.
4. 닭육수가 없을 때는 채소육수를 사용해도 무방하다.

Cream of Mushroom Soup

양송이 크림 수프

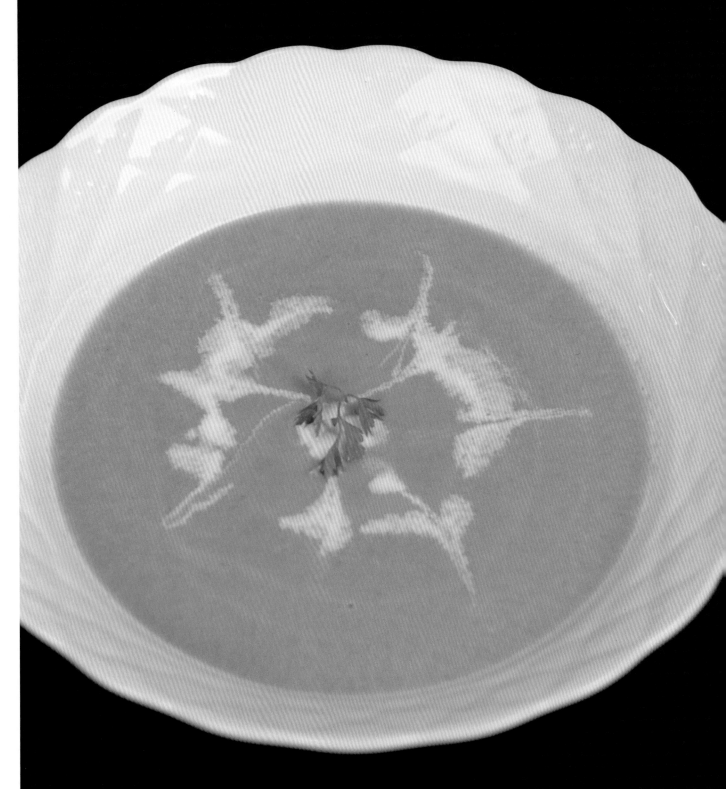

재료

- 양송이(mushroom)_40g
- 양파(onion)_20g
- 셀러리(celery)_15g
- 감자(potato)_30g
- 생크림(fresh cream)_20g
- 월계수 잎(bay leaf)_1ea
- 버터(butter)_10g
- 닭육수(chicken stock)_150ml
- 식빵(toast bread)_1/4pc
- 소금 · 후추(salt & pepper)_pinch

만드는 방법

1. 양송이는 깨끗한 조리용 젖은 타월로 표면을 깨끗이 닦은 다음 잘게 썬다.

2. 양파와 감자는 껍질을 벗기고 잘게 썬다.

3. 소스 팬에 버터를 두르고 1번과 2번을 넣고 색깔이 나지 않도록 살짝 볶는다.

4. 3에 닭육수를 첨가하여 약 30분간 은근히 끓인 다음 믹서에 곱게 간다.

5. 생크림을 첨가하여 농도를 조절한다.

6. 소금, 후추로 간을 맞춘다.

7. 컵에 담고 크루통으로 장식한다.

 Tip & Tip

1. 수프가 완성되면 양송이 10g 정도를 얇게 썰어서 살짝 익힌 다음 수프에 섞어 사용하면 씹힘성이 있어서 좋다.
2. 감자는 사용하고 남은 부스러기를 사용하면 경제적이다.
3. 양송이의 상태가 좋지 않은 것을 사용하면 수프의 색깔이 검게 된다.
4. 크루통은 식빵을 6mm×6mm×6mm 정육면체로 자른다.
5. 크루통은 깨끗한 프라이팬을 이용하여 약한 불로 서서히 색깔이 나도록 한다.

Mushroom Consomme Jelly

냉양송이 콩소메 젤리

재료

- 양송이(mushroom)_50g
- 양파(onion)_20g
- 당근(carrot)_20g
- 토마토(tomato concasse)_30g
- 파슬리 줄기(parsley stem)_5g
- 채소육수(vegetable stock)_250ml
- 백포도주(white wine)_20ml
- 난백(egg white)_1ea
- 양파 태운 것(ognon brûle)_1ea
- 젤라틴(gelatine)_4g
- 소금 · 후추(salt & pepper)_pinch

만드는 방법

1. 양송이, 양파, 당근을 곱게 다진다.

2. 1을 수프냄비에 담고 토마토, 소금, 후추, 백포도주를 첨가한다.

3. 2에 파슬리 줄기와 양파 태운 것, 달걀 흰자를 첨가하여 잘 혼합한다.

4. 3에 채소육수를 첨가하고 잘 섞어서 불 위에 올려놓는다.

5. 주걱을 사용하여 처음에는 가끔 저어주다 내용물이 위로 떠오르기 시작하면 가운데 조그만 구멍을 만들어 그곳을 이용하여 서서히 끓도록 한다.

6. 같은 온도를 유지하여 40분 정도 끓인 다음 불을 끄고 내용물이 가라앉으면 국자를 이용하여 내용물의 아래 위가 뒤집히지 않도록 조심해서 거즈수건을 이용해서 거른다.

7. 양송이를 완두콩 크기로 잘라서 익힌 다음 첨가하고 소금으로 간을 한 후 준비된 젤라틴을 첨가하여 냉장 저장한다.

8. 더블 용기에 아래는 얼음을 담고 그 위에 콩소메 젤리를 담아서 제공한다.

Tip & Tip

1. 콩소메 젤리 수프는 아주 연한 젤리가 되도록 젤라틴의 농도에 주의한다.
2. 판젤라틴을 사용할 때는 냉수에 먼저 젤라틴을 충분히 적신 다음 뜨거운 콩소메 수프에 넣어서 녹인다.
3. 황금색이 제대로 나지 않을 때는 양파 태운 것을 추가하여 색깔을 맞춘다.

French Onion Soup

프렌치 어니언 수프

재료

- 양파(onion)_80g
- 버터(butter)_10g
- 치킨스톡(chicken stock)_200ml
- 화이트와인(white wine)_20ml
- 월계수 잎(bay leaf)_1ea
- 프렌치 바게트(baguette bread)_1pc
- 파마산치즈(parmesan cheese)_3g
- 피자치즈(mozzarella cheese)_5g
- 파슬리 찹(parsley chopped)_2g
- 소금 · 후추(salt & pepper)_pinch

만드는 방법

1. 양파 껍질을 벗기고 절반을 자른 다음 얇게 썬다.
2. 바닥이 두꺼운 소스 팬을 이용하여 버터를 넣고 1번의 양파를 넣고 볶는다.
3. 바닥이 타지 않도록 저어주면서 갈색이 되도록 만든다.
4. 충분히 갈색이 나도록 볶아지면 백포도주, 월계수 잎과 준비된 닭육수를 넣고 약한 불로 5분 정도 끓인다. 이때 위에 뜨는 거품을 걷어낸다.
5. 소금, 후추로 간을 맞춘 다음 치즈 크루통을 얹어서 제공한다.

Tip & Tip

1. 냄비는 바닥이 두꺼워야 타는 것을 방지할 수 있다.
2. 바닥에 눌어붙는 캐러멜을 태우지 않도록 잘 저어준다.
3. 양파를 볶을 때 불이 너무 세지 않아야 고운 색깔의 어니언 페이스트를 얻을 수 있다.
4. 치즈 크루통은 바게트를 얇게 썰어야 수프를 흡수하는 양이 적게 된다.
5. 치즈 크루통은 빵 위에 피자치즈를 썰어놓고 그 위에 파마산치즈와 파슬리를 뿌린 다음 오븐이나 샐러맨더에서 구워낸다.
6. 얇게 썬 바게트 빵을 수프에 얹고 치즈를 뿌려 샐러맨더에 직접 구울 수도 있다.

Chilled Gazpacho Andaluz

냉토마토 수프

재료

- 토마토주스(tomato juice)_150ml
- 오이(cucumber)_20g
- 청피망(green pimento)_15g
- 홍피망(red pimento)_15g
- 양파(onion)_20g
- 빵가루(bread crumb)_20g
- 토마토 콩카세(tomato concasse)_20g
- 레드와인 식초(red wine vinegar)_5ml
- 타바스코(tabasco)_1~2drop

〈가니쉬용 재료〉
- 토마토(tomato concasse)_5g
- 오이(cucumber small dice)_5g
- 피망(홍 · 청)(green & red pimento)_5g
- 크루통(bread croutons)_3g

만드는 방법

1. 토마토의 꼭지를 제거하고 끓는 물에 살짝 데쳐 껍질을 제거한다.

2. 양파, 오이, 토마토, 피망을 잘게 썰어서 토마토주스를 첨가하여 믹서에 곱게 간다.

3. 2를 믹싱 볼에 담고 식초, 타바스코, 소금으로 간을 한다.

4. 얼음 채운 용기에 담아서 냉장고에 뚜껑을 덮어서 약 2시간 동안 보관한다.

5. 수프 볼이나 수프 컵에 담고 고명을 얹어 제공한다.

Tip & Tip

1. 피망을 갈면 풋냄새가 날 수 있으므로 2시간 이상 냉장고에 꼭 보관한다.
2. 가니쉬로 사용하는 재료는 0.5mm 사각형으로 자른다.

Mock Turtle Soup Lady Curzon

목터틀 수프 레이디 커즌

재료

- 쇠고기 양지(beef brisket)_150g
- 셀러리(celery)_25g
- 당근(carrot)_25g
- 토마토(통조림)(tomato canned)_30g
- 양파(onion)_25g
- 으깬 통후추(crushed black pepper)_2g
- 정향(cloves)_1ea
- 월계수 잎(bay leaf)_1ea
- 타임(dried thyme)_1g
- 마늘(garlic)_pinch
- 쇠고기 민찌(ground beef)_50g
- 우스터셔 소스(worcestershire sauce)_2drop
- 레몬(lemon slice)_1/2ea
- 생크림(fresh cream)_20ml
- 커리가루(curry powder)_1/10tsp
- 냉수(cold water)_500ml
- 달걀 흰자(egg white)_1ea
- 솔트 스틱(salt stick)_1ea
- 소금 · 후추(salt & pepper)_pinch

만드는 방법

1. 쇠고기 양지머리를 깨끗한 물에 담가서 핏물을 제거한다.
2. 육수용 냄비에 양지와 셀러리, 당근, 양파, 토마토, 으깬 통후추, 정향, 월계수, 타임을 넣고 육수를 만든 다음 고운체를 사용하여 거른다.
3. 쇠고기 다진 것을 마늘과 함께 갈색이 나도록 볶는다.
4. 3번을 조금 식힌 다음 우스터셔 소스, 얇게 썬 레몬, 달걀 흰자와 2번의 육수를 넣고 콩소메는 약 40분간 끓인다.
5. 삶은 쇠고기 양지를 5mm 사각형으로 썰어서 고명으로 사용한다.
6. 믹싱볼에 냉각시킨 생크림을 넣고 거품기로 적당히 거품을 낸 후 커리가루를 섞는다.
7. 커리가루를 섞어서 뜨거운 수프를 담은 컵 위에 담아 샐러맨더에서 갈색이 나도록 굽는다.
8. 솔트 스틱을 곁들인다.

Tip & Tip

1. 수프를 진하게 만든다.
2. 양지머리 대신에 자라(turtle)를 이용하면 green turtle soup가 되고 이때는 자라 고기를 사용하게 된다.
3. 커리크림을 만들 때 커리가루의 양은 색깔이 연한 노란색이 되도록 한다.

Baked Crab Bisque Soup

오븐에 구운 꽃게 비스크 수프

재료

- 꽃게(flower crab)_1pc
- 토마토 페이스트(tomato paste)_10g
- 버터(butter)_20g
- 양파(onion)_30g
- 대파(leek)_5g
- 월계수 잎(bay leaf)_1ea
- 밀가루(flour)_10g
- 브랜디(brandy)_10ml
- 화이트와인(white wine)_15ml
- 생크림(fresh cream)_30ml
- 처빌(chervil)_2g
- 채소 육수(vegetable stock)_300ml

만드는 방법

1. 꽃게를 깨끗하게 손질하여 4등분으로 자른다.
2. 소스 팬에 버터를 두르고 양파와 대파를 투명해질 때까지 볶다가 꽃게를 넣고 볶는다.
3. 2에 밀가루를 넣고 볶다가 토마토 페이스트, 월계수 잎, 통후추, 처빌을 넣고 볶는다.
4. 3에 브랜디로 화염을 한 후 백포도주를 넣고 채소 육수를 넣는다.
5. 40분간 은근히 끓여 고운체에 거른 다음 생크림으로 농도와 색깔을 맞춘 뒤 소금, 후추로 간을 한다.
6. 수프 컵에 비스크 수프를 담고 puff dough로 위를 덮어서 달걀 노른자를 위에 발라 오븐에서 굽는다.

Tip & Tip

1. puff dough는 냉장고에서 꺼내는 즉시 사용한다.
2. puff dough를 수프 컵에 덮을 때 달걀을 가장자리에 발라서 붙인다.
3. 상단에 달걀 노른자를 골고루 바른 다음 오븐에서 완전히 부풀고 황금색이 날 때까지 굽는다.
4. puff dough가 완전히 붙지 않으면 수분이 증발하여 dough가 부풀어 오르지 않으므로 주의한다.

Bouillabaisse

프렌치 해산물 수프(부야베스)

재료

- 백합조개(clam white)_3ea
- 홍합(black mussel)_3ea
- 새우(shrimp)_3ea
- 모시조개(clam)_2ea
- 키조개살(sea scallop)_2ea
- 가자미(sole)_40g
- 양파(onion)_20g
- 대파(흰 부분)(leek white part)_30g
- 월계수 잎(bay leaf)_1ea
- 토마토(tomato)_10g
- 브랜디(brandy)_10ml
- 화이트와인(white wine)_60ml
- 처빌(chervil)_1sprig
- 올리브오일(olive oil)_10ml
- 통마늘(garlic whole)_1ea
- 샤프란(saffron)_pinch
- 물(water)_300ml
- 루이 소스(sauce rouille)_20ml
- 소금 · 후추(salt & pepper)_pinch

만드는 방법

1. 가자미의 살을 제거한 뼈와 대파, 월계수 잎을 이용하여 생선육수를 만든다.

2. 올리브오일에 양파와 마늘을 볶다가 홍합, 관자살, 모시조개를 넣고 살짝 볶은 다음 브랜디로 화염하여 백포도주를 첨가하고 1번의 생선육수를 이용하여 삶아 놓는다.

3. 1번과 2번의 육수를 같은 양으로 섞은 후 토마토를 첨가하고 샤프란과 루이소스를 넣고 소금, 후추로 간을 한다.

4. 수프 접시에 내용물을 가지런히 담고 3번의 육수를 채운 다음 처빌로 장식한다.

Tip & Tip

1. 생선육수를 만들 때 뼈를 깨끗이 씻고 약한 불에서 30분을 넘기지 않는다.
2. 생선육수를 진하게 만들려면 육수를 거즈수건으로 거른 다음 조려서 만든다.
3. 생선육수는 가능한 맑게 만들어야 한다.
4. 샤프란은 백포도주에 녹여서 사용해도 되고 생선육수에 직접 넣어서 사용해도 좋다.
5. 생선살과 조개, 관자 그리고 새우살은 살짝 익힌다. 해산물을 많이 익히면 부스러지기 쉽고, 부피가 많이 줄어들고 모양도 나지 않는다.
6. 서빙 시 바게트 빵을 곁들이면 좋다.

Clear Onion and Potato Soup

맑은 양파 감자 수프

재료

- 치킨스톡(chicken stock)_200ml
- 양파(onion slice)_40g
- 포테이토(batonnet potato)_30g
- 백포도주(white wine)_20ml
- 버터(butter)_5g

만드는 방법

1. 양파의 껍질을 벗기고 절반을 갈라서 슬라이스한다.

2. 감자의 껍질을 벗기고 3cm 길이의 성냥개비 모양으로 자른다.

3. 냄비에 버터를 두르고 양파를 볶는다(갈색이 날 때까지).

4. 3이 완성되면 화이트와인과 치킨스톡을 넣고 끓인다.

5. 4가 끓기 시작하면 감자를 넣고 떠오르는 거품을 걷어낸다.

6. 감자가 다 익으면 소금, 후추로 간을 하여 마무리한다.

Tip & Tip

1. 양파를 너무 많이 볶으면 수프의 색이 진하게 된다.
2. 감자가 부스러지지 않도록 삶는 데 주의한다.

Asparagus Soup

아스파라거스 수프

Soup

재료

- 버터(butter)_1Tsp
- 양파(onion)_1/2ea
- 채소스톡(vegetable stock)_200cc
- 아스파라거스(asparagus)_450g
- 소금 · 후추(salt & pepper)_pinch

만드는 방법

1. 양파는 잘게 다지고, 아스파라거스는 1cm 정도 길이로 썰어서 준비한다.

2. 버터를 녹인 뒤 양파를 약한 불에 갈색 빛이 돌 때까지 볶아준다.

3. 채소스톡과 아스파라거스를 넣고 아스파라거스가 부드러워질 때까지 끓여
준다.

4. 믹서기에 3을 넣고 곱게 갈아준다.

5. 체에 수프를 곱게 걸러낸다.

6. 걸러진 수프를 한 번 더 살짝 끓여낸 뒤 소금, 후추를 뿌려 간을 한다.

Soup

salt stick 만드는 방법

- 밀가루(중력)(flour)_50g
- 물(water)_15ml
- 생이스트(fresh yeast)_2g
- 설탕(sugar)_10g
- 굵은소금(rock salt)_1g
- 마가린(margarine)_5g
- 베이킹파우더(baking powder)_0.5g
- 달걀(egg)_1/4ea

1. 밀가루, 이스트, 설탕, 소금, 베이킹파우더, 달걀을 넣고 반죽을 한다.
2. 반죽이 80% 정도 되었을 때 마가린을 넣는다.
3. 표면에 비닐을 덮어서 실온에서 20~30분 정도 1차 발효시킨다.
4. 반죽을 20g 정도로 분할하여 약 10분간 2차 발효를 시킨다.
5. 지름을 5mm 정도로 가늘게 민 다음 표면에 달걀을 바르고, 굵은소금을 위에 뿌린 뒤 윗불 190℃, 밑불 150℃ 오븐에서 굽는다.

puff dough 만드는 방법

- 밀가루(flour)_110g
- 달걀(egg)_16g
- 소금(salt)_1g
- 물(water)_55ml
- 버터(butter)_100g

1. 밀가루, 달걀, 소금, 냉수를 섞어서 반죽한 다음 20분의 휴지시간을 준다.

2. 버터는 실온에 보관하여 적당한 정도의 무르기를 유지한다.

3. 1번의 반죽으로 버터를 감싸서 밀대로 민다.

4. 3절 접기를 하여 밀기를 4회 반복한다.

5. 밀어서 펴는 중간에 버터가 녹아내리는 경우 냉장고에 보관하여 굳혀서 사용한다.

6. 밀어서 펴는 중간중간 약 5분간의 휴지기를 주면 밀기가 쉬워진다.

7. 마지막에는 약 3mm 두께로 밀어서 사용한다.

Rouille Sauce 만드는 방법

- 붉은 고추(red pepper)_1ea
- 양파(onion)_10g
- 마늘(garlic)_2쪽
- 올리브오일(olive oil)_20ml

1. 붉은 고추는 절반을 갈라 씨를 제거하고 끓는 물에 살짝 데친다.

2. 1과 양파를 잘게 자른 다음 마늘과 함께 믹서에 넣고 올리브오일을 첨가하여 곱게 간다.

** 루이 소스는 필요할 때 즉시 만들어 사용해야 풍미가 좋다.

Noodle
(Spinach Noodle, Saffron Noodle, Ink Noodle, Cactus Noodle, Stripe Noodle)
시금치 누들, 샤프란 누들, 잉크 누들, 백년초 누들, 스트라이프 누들

Spinach Noodle (시금치 누들)

 재료

- 밀가루(중력)(flour all-purpose)_200g
- 시금치(spinach)_50g
- 달걀(egg)_1ea
- 식용유(salad oil)_20ml
- 소금(salt)_1/2tsp
- 물(필요시)(water optional)_소량

만드는 방법

1. 밀가루를 체로 쳐서 준비한다.
2. 시금치를 깨끗하게 씻어서 살짝 데친 후 물기를 꼭 짜고 곱게 다진다.
3. 믹서에 물기 제거한 시금치를 넣고 날달걀 1개를 넣어서 퓌레를 만든다.
4. 밀가루, 시금치퓌레, 소금, 식용유를 넣고 국수반죽을 한다.
5. 반죽이 무르면 밀가루를 추가하고, 반죽이 너무 단단하면 물을 소량 넣는다.
6. 비닐로 완전히 감싼 후 30분 정도 휴지기를 준 뒤 밀어서 사용한다.

** 누들반죽은 시간이 지나면서 물러지기 때문에 가능하면 단단하게 만든다.

Saffron Noodle (샤프란 누들)

 재료

- 밀가루(중력)(flour all-purpose)_200g
- 샤프란(saffron)_30ml
- 달걀(egg)_1ea
- 식용유(salad oil)_20ml
- 소금(salt)_1/2tsp
- 물(필요시)(water optional)_소량

만드는 방법

1. 밀가루를 체로 쳐서 준비한다.
2. 샤프란을 물에 넣고 살짝 끓여놓는다.
3. 밀가루에 샤프란물, 달걀, 소금, 식용유를 넣고 국수반죽을 한다.
4. 반죽이 무르면 밀가루를 추가하고, 반죽이 너무 단단하면 물을 소량 넣는다.
5. 비닐로 완전히 감싼 후 30분 정도 휴지기를 준 뒤 밀어서 사용한다.

** 샤프란을 물에 녹일 때 노란색이 너무 연하면 국수반죽이 무르게 되므로 샤프란의 농도를 진하게 할수록 유리하다.

** 일반적으로 생선요리에 사용하는 샤프란은 백포도주에 용해해서 사용하면 좋다.

** 노란색이 약하면 물 대신 샤프란 용해액을 넣는다.

Ink Noodle (잉크 누들)

재료

- 밀가루(중력)(flour all-purpose)_200g
- 오징어먹물(cuttlefish ink)_30g
- 달걀(egg)_1ea
- 식용유(salad oil)_20ml
- 소금(salt)_1/2tsp
- 물(필요시)(water optional)_소량

만드는 방법

1. 밀가루를 체로 쳐서 준비한다.
2. 오징어 또는 갑오징어의 먹물을 채집하여 껍질을 제거하고 먹물만 준비한다.
3. 밀가루, 먹물, 달걀, 소금, 식용유를 넣고 국수반죽을 한다.
4. 반죽이 무르면 밀가루를 추가하고, 반죽이 너무 단단하면 물을 소량 넣는다.
5. 비닐로 완전히 감싼 후 30분 정도 휴지기를 준 뒤 밀어서 사용한다.

** 잉크 누들은 만들 때 색깔이 검지 않지만 삶으면 검어지므로 참고한다.
** 잉크는 신선한 오징어, 갑오징어의 것을 사용한다.
** 남은 먹물은 비닐봉지에 담아 냉동 보관한다.

Cactus Noodle (백년초 누들)

재료

- 밀가루(중력)(flour all-purpose)_200g
- 백년초가루(cactus powder)_10g
- 달걀(egg)_1ea
- 식용유(salad oil)_20ml
- 소금(salt)_1/2tsp
- 물(필요시)(water optional)_소량

만드는 방법

1. 밀가루를 체로 쳐서 준비한다.
2. 밀가루, 백년초가루, 달걀, 식용유, 소금을 넣고 국수반죽을 한다.
3. 반죽이 무르면 밀가루를 추가하고, 반죽이 너무 단단하면 물을 소량 넣는다.
4. 비닐로 완전히 감싼 후 30분 정도 휴지기를 준 뒤 밀어서 사용한다.

Stripe Noodle (스트라이프 누들)

재료

- 시금치 누들(spinach noodle)_300g
- 샤프란 누들(saffron noodle)_300g
- 달걀 흰자(egg white)_2ea

만드는 방법

1. 믹싱볼에 달걀 흰자를 잘 풀어 놓는다.
2. 시금치 누들 반죽을 국수기계를 이용하여 2mm 두께로 밀어 놓는다.
3. 샤프란 누들 반죽을 국수기계를 이용하여 2mm 두께로 밀어 놓는다.
4. 2와 3을 15cm 폭으로 잘라 놓는다.
5. 4번의 국수반죽을 달걀 흰자를 발라가며 노란색, 파란색으로 교차하여 15cm 높이로 쌓은 후 약 30분간 휴지기를 준 뒤 3mm 두께로 잘라서 국수기계를 이용하여 1.5~2mm 두께로 밀어서 사용한다.

Pasta Candy with Spinach Ricotta Cheese and Tomato Coulis

시금치와 리코타치즈로 만든 파스타캔디와 토마토 쿨리

재료

- 스트라이프 누들(stripe noodle)_60g
- 시금치(spinach)_40g
- 코티지치즈(cottage cheese)_30g
- 버터(butter)_10g
- 양파(onion)_20g
- 백포도주(white wine)_10ml
- 방울토마토(cherry tomato)_1/2ea
- 토마토 쿨리(tomato coulis)_20ml
- 처빌(chervil)_1sprig

만드는 방법

1. 시금치를 깨끗하게 씻어서 살짝 데친 후 물기를 제거하고 잘게 다진다.

2. 소스 팬에 버터를 두르고 양파를 볶다가 투명해지면 1번을 넣고 볶는다.

3. 소금, 후추로 간을 하고 백포도주를 첨가하여 마무리한다.

4. 3을 믹싱볼에 담고 코티지치즈와 혼합한다.

5. 스트라이프 누들 반죽(1.5mm)을 펴놓고 4번으로 속을 채운 뒤 실파를 데쳐서 양쪽 끝을 묶어 캔디모양으로 만든다.

6. 끓는 물에 소금과 식용유를 넣고 5번을 살짝 삶는다.

7. 깨끗한 프라이팬에 버터를 두르고 파스타 캔디를 살짝 볶아낸다.

8. 접시에 토마토 쿨리 소스와 방울토마토, 처빌로 장식한다.

Tip & Tip

1. 파스타 캔디는 삶은 후 오래 두면 색깔의 선명도가 떨어지므로 즉시 삶아서 사용한다.
2. 두께는 가능한 얇게 하면 좋다.
3. 내용물은 이미 익었으므로 너무 오래 삶지 않아야 색깔이 좋다.

Stripe Ravioli with Ham and Mushroom in Paprika Sauce

햄과 버섯으로 속을 채운 라비올리와 파프리카 소스

재료

- 스트라이프 누들(stripe noodle)_60g
- 쿡햄(cooked ham)_40g
- 양송이버섯(mushroom)_30g
- 파마산치즈(parmesan cheese)_20g
- 버터(butter)_10g
- 양파(onion)_20g
- 달걀(egg)_1ea
- 백포도주(white wine)_10ml
- 홍피망(red pimento)_10g
- 파프리카 소스(paprika sauce)_40ml
- 처빌(chervil)_pinch

만드는 방법

1. 햄을 잘게 다진다.
2. 버섯을 잘게 다진다.
3. 소스 팬에 버터를 두르고 양파를 볶다가 투명해지면 햄과 양송이버섯을 넣고 볶는다.
4. 소금, 후추로 간을 하고 백포도주를 첨가하여 마무리한다.
5. 4를 믹싱볼에 담아서 파마산치즈와 혼합한다.
6. 스트라이프 누들 반죽(1. 5mm)을 펴놓고 붓을 사용하여 달걀 푼 것을 골고루 바른 다음 5번을 1티스푼 정도씩 붙일 수 있는 간격(4~5cm)을 두고 놓은 후 위를 덮은 다음 가장자리를 꼭 눌러준다.
7. 타원형 커터 또는 작은 칼을 사용하여 내용물이 나오지 않도록 잘라낸다.
8. 끓는 물에 소금과 식용유를 넣고 5번을 삶는다.
9. 깨끗한 프라이팬에 버터를 두르고 라비올리를 살짝 볶아낸다.
10. 접시에 파프리카 소스를 깔고 라비올리를 놓은 후 다진 피망과 처빌로 장식한다.

Tip & Tip

1. 두께는 가능한 얇게 하는 것이 좋다.
2. 내용물은 이미 익었으므로 너무 오래 삶지 말아야 색깔이 좋다.
3. 내용물을 충분히 채우지 않으면 모양이 예쁘게 만들어지지 않는다.

Baked Spinach and King Crab Meat Cannelloni with Tomato Sauce

베이크드 시금치 왕게살 카넬로니와 토마토 소스

재료

- 시금치 누들(stripe noodle)_60g
- 시금치(spinach)_60g
- 왕게살(king crab meat)_40g
- 양파(onion)_20g
- 버터(butter)_20g
- 백포도주(white wine)_10ml
- 생크림(fresh cream)_60ml
- 피자치즈(mozzarella cheese)_40g
- 파마산치즈(parmesan cheese)_10g
- 방울토마토(cherry tomato)_1/2ea
- 양송이(mushroom)_1ea
- 처빌(chervil)_1sprig

만드는 방법

1. 시금치 누들 반죽을 110mm×120mm 크기의 1.5mm 두께로 밀어서 소금과 식용유를 넣은 끓는 물에 삶아 얼음물에 식힌 다음 건져서 물기를 제거한 다.

2. 시금치를 깨끗하게 다듬어서 끓는 물에 살짝 데친 후 물기를 제거하고 잘 게 다진다.

3. 왕게살의 뼈를 제거한다.

4. 소스 팬에 버터를 두르고 양파를 투명하게 될 때까지 볶다가 2번을 넣고 잠 시 더 볶은 후 3번을 넣고 백포도주와 소금, 후추를 넣어 간을 한다.

5. 1번을 바닥에 펴놓고 4번을 각각 40g씩 놓고 동그랗게 튜브형으로 만든다.

6. 타원형의 내열접시 바닥에 버터를 바르고 중앙에 베샤멜 소스와 토마토 소 스를 깔고 5번을 가지런히 정렬한다.

7. 6번 위에 토마토 소스, 베샤멜 소스, 피지치즈, 파마산치즈의 순서로 넣고 오븐에서 굽는다.

8. 양송이버섯과 방울토마토, 처빌로 장식한다.

Spaghetti Vongole Bianche

스파게티 조개 소스

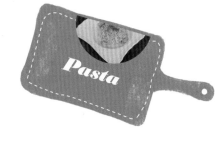

재료

- 스파게티(spaghetti)_140g
- 중합조개(clams)_100g
- 양파(onion)_20g
- 마늘(garlic)_10g
- 올리브오일(olive oil)_25ml
- 버터(butter)_5g
- 레몬주스(lemon juice)_5ml
- 파슬리(parsley chopped)_2g
- 바질(basil)_1sprig

만드는 방법

1. 소금과 식용유를 조금 첨가한 끓는 물에 스파게티를 약 10분간 삶아 식힌 다.
2. 중합조개를 깨끗한 물에 4시간 이상 담가서 모래를 제거한다.
3. 올리브오일을 두른 소스 팬에 양파와 마늘 다진 것을 넣고 볶다가 중합조개와 백포도주를 넣고 껍질이 벌어질 때까지 살짝 익힌 다음 육수와 조개를 분리하여 조개는 한쪽 껍질만 남겨 놓는다.
4. 소스 팬에 올리브오일과 버터를 두르고 양파와 마늘을 살짝 볶은 후 3번의 조개와 육수를 넣고 소스를 만든 다음 스파게티를 뜨거운 물에 한 번 적셔서 넣고 볶아서 소금과 후추로 간을 하고 파슬리를 첨가하여 마무리한다.

Tip & Tip

1. 스파게티는 알단떼로 삶아 후숙시키는 방법을 이용한다.
2. 삶은 스파게티는 깨끗한 트레이나 스테인리스 작업대에 그대로 식혀서 사용하면 면의 퍼짐성을 최소화할 수 있다.
3. 봉골레 토마토 소스는 위의 재료에 토마토 소스를 첨가하면 된다.
4. 일반적으로 해산물 스파게티에는 파마산치즈를 사용하지 않는다.

Ink Fettuccine with Seafood

해산물 먹물 페투치니

재료

- 먹물 페투치니(ink fettuccine)_140g
- 홍합(black mussel)_40g
- 중합(clams)_40g
- 새우(shrimp M)_2ea
- 양파(onion)_20g
- 마늘(garlic)_5g
- 올리브오일(olive oil)_20ml
- 버터(butter)_5g
- 레몬주스(lemon juice)_5ml
- 백포도주(white wine)_20ml
- 바질(basil)_1ea
- 차이브(chive)_1ea

만드는 방법

1. 홍합과 중합을 깨끗하게 씻어 놓는다.

2. 오징어먹물 페투치니국수를 1cm 넓이의 국수로 만들어서 소금과 식용유를 넣은 끓는 물에 살짝 삶아 놓는다.

3. 소스 팬에 올리브오일과 버터를 두르고 양파와 마늘을 볶다가 홍합과 조개를 넣고 백포도주와 레몬주스를 첨가하여 껍질이 벌어질 때까지 익힌다.

4. 3번의 홍합과 조개를 한쪽 껍질만 남게 준비하고 육수와 함께 보관한다.

5. 새우의 내장을 제거하여 껍질째 삶은 후 껍질을 제거한다.

6. 소스 팬에 올리브오일을 두르고 나머지 양파와 마늘을 넣고 볶다가 4번과 새우를 넣는다.

7. 5번에 삶아놓은 페투치니국수를 넣고 소금과 후추로 간을 하여 완성한다.

Tip & Tip

1. 페투치니 등 홈메이드 국수류는 삶아 놓으면 퍼짐성으로 인해 질이 저하되기 쉽기 때문에 필요시 바로 삶아서 사용한다.

2. 국수반죽을 할 때 물 대신 달걀을 사용하면 퍼짐성을 약간은 방지할 수 있다.

Combination Fettuccine with Bolognese Sauce

모둠 페투치니와 볼로네이즈 소스

재료

- 시금치 페투치니
  (spinach fettuccine)_40g
- 샤프란 페투치니
  (saffron fettuccine)_40g
- 백년초 페투치니
  (cactus fettuccine)_40g
- 먹물 페투치니(ink fettuccine)_40g
- 양파(onion)_20g
- 올리브오일(olive oil)_ 20ml
- 버터(butter)_5g
- 홍피망(red pimento)_10g
- 청피망(green pimento)_10g
- 바질(basil)_1sprig

만드는 방법

1. 각각의 4가지 페투치니국수를 분리해서 삶아 놓는다.
2. 소스 팬에 올리브오일과 버터를 두르고 양파를 투명해질 때까지 볶은 다음 각각의 페투치니를 볶는다.
3. 홍 · 청피망을 줄리엔으로 썰어서 버터에 살짝 볶아 고명으로 사용하고 바질 잎으로 장식한다.
4. 볼로네이즈 소스(bolognese sauce)를 곁들인다.

bolognese sauce

재료

- 쇠고기 다진 것(minced beef)_100g
- 양파 다진 것(onion chopped)_100g
- 당근 다진 것(carrot chopped)_80g
- 양송이버섯(mushroom chopped)_50g
- 셀러리 다진 것(celery chopped)_80g
- 토마토 페이스트(tomato paste)_50g
- 버터(butter)_20g
- 쇠고기 육수(beef stock)_300ml
- 월계수 잎(bay leaf)_1ea
- 타임(thyme)_1g
- 오레가노(oregano)_1g
- 통후추(crushed black pepper)_2g

만드는 방법

1. 소스 팬에 버터를 두르고 양파, 당근, 셀러리, 버섯 다진 것을 넣고 볶다가 쇠고기 다진 것을 넣고 볶는다.
2. 1에 토마토 페이스트를 넣고 볶다가 쇠고기 육수를 붓고 월계수 잎, 타임, 오레가노, 검은 통후추 으깬 것을 넣는다.
3. 끓기 시작하면 불을 줄이고 바닥이 눋지 않도록 주걱으로 잘 저어주며 약 40분간 소스가 걸쭉하게 되게 만든다.
4. 소스가 잘 어우러지지 않으면 육수를 첨가하여 더 끓인다.
5. 농도가 걸쭉하게 되면 소금으로 간을 하여 소스를 완성한다.

Lamb Mossaka

양고기 무사카

재료

- 가지(eggplant)_130g
- 양고기 다진 것(minced lamb)_70g
- 양파(onion chopped)_20g
- 마늘(garlic)_5g
- 베샤멜 소스(bechamel sauce)_70ml
- 피자치즈(mozzarella cheese)_60g
- 토마토 소스(tomato sauce)_100ml
- 쇠고기 육수(beef stock)_100ml
- 월계수 잎(bay leaf)_1ea
- 타임(thyme)_2g
- 바질(basil)_1sprig
- 소금 · 후추(salt & pepper)_pinch

만드는 방법

1. 양고기 엉덩잇살을 잘게 다진다.

2. 양파와 마늘을 잘게 다진다.

3. 소스 팬에 오일을 넣고 양파와 마늘을 볶다가 양고기 다진 것을 넣고 볶는다.

4. 3에 토마토 페이스트를 넣고 볶은 후 쇠고기 육수를 넣고 타임과 월계수 잎을 넣고 약한 불에서 30~40분 정도 끓인 후 소금과 후추로 간을 하여 완성한다.

5. 가지를 깨끗하게 씻어서 0.5cm 두께로 어슷썰기하여 소금을 조금 뿌린 후 식용유에 튀겨낸다.

6. 내열용기의 바닥에 버터를 바르고 베샤멜 소스와 4번의 미트 소스를 조금 넣고 가지 튀긴 것을 한 줄로 바닥에 깔고 그 위에 베샤멜 소스, 미트 소스 그리고 피자치즈를 뿌린다.

7. 6번과 같은 방법을 2회 또는 3회 반복하고 마지막으로 베샤멜 소스와 피자치즈를 뿌린 후 오븐(180℃)에서 갈색이 나도록 굽는다.

Tip & Tip

1. 라자니아와 같은 방법으로 만드는데 누들 대신에 구운 가지를, 미트 소스 대신에 양고기 소스를 사용한다.

Baked Green Lasagne

시금치 라자니아

재료

- 시금치 누들
  (spinach noodle)_80g
- 미트 소스(bolognese sauce)_70g
- 베샤멜 소스(bechamel sauce)_70ml
- 피자치즈(mozzarella cheese)_60g
- 파마산치즈(parmesan cheese)_20g
- 바질(basil)_pinch

만드는 방법

1. 시금치 누들 반죽을 1.5mm로 밀어 삶아서 냉수에 식혀 놓는다.

2. 미트 소스와 베샤멜 소스를 준비한다.

3. 내열용기의 바닥에 버터를 바르고 베샤멜 소스와 4번의 미트 소스를 조금
넣고 시금치 누들을 한 줄로 바닥에 깔고 그 위에 베샤멜 소스, 미트 소스
를 가볍게 올리고 피자치즈와 파마산치즈를 뿌린다.

4. 3번과 같은 방법을 2회 또는 3회 반복하고 마지막으로 베샤멜 소스와 피자
치즈를 뿌린 후 오븐(180℃)에서 갈색이 나도록 굽는다.

1. 라자니아는 만들어서 냉장고에 8시간 이상 보관한 뒤에 오븐에서 구워내야
누들과 소스가 잘 어우러져서 맛있게 만들 수 있다.

Seafood Conchiglie with Basil Pesto

해산물 조개파스타와 바질 페스토

재료

- 조개파스타(shell pasta)_120g
- 홍합조개(black mussel)_2ea
- 중합조개(calms)_2ea
- 새우(shrimp M)_2ea
- 아스파라거스(asparagus)_1ea
- 홍 · 청피망(red & green pimento)_20g

만드는 방법

1. 조개파스타를 알단떼로 삶아 놓는다.
2. 혼합, 중합, 새우를 삶아서 껍질을 제거하여 놓는다.
3. 소스 팬에 올리브오일을 두르고 조개파스타를 볶다가 2번을 넣는다.
4. 3번에 바질페스트를 넣고 파마산치즈와 소금, 후추로 간을 하여 완성한다.
5. 접시에 담고 아스파라거스, 말린 단감, 바질 잎으로 장식을 한다.

Basil Pesto(바질 페스토)

재료

- 바질(basil)_50g
- 파슬리(parsley)_20g
- 잣(pine nuts)_20g
- 파마산치즈(parmesan cheese)_20g
- 마늘(garlic)_20g
- 올리브오일(olive oil)_50ml

만드는 방법

1. 바질 잎과 파슬리의 줄기를 제거하고 깨끗이 씻어서 믹서에 넣는다.
2. 1번에 올리브오일과 잣, 마늘을 넣고 곱게 간다.
3. 마지막으로 파마산치즈를 넣고 한 번 더 곱게 간다.
4. 수분이 모자라서 잘 갈아지지 않을 때는 올리브오일을 조금 더 첨가한다.
5. 깨끗한 용기에 밀봉하여 보관하면서 사용할 수 있다.

** 오랫동안 보관하려면 깨지지 않는 용기에 밀봉하여 냉동고에 보관한다.

Grantinated Herb Mushroom Cream Roll with Gorgonzola Cheese

고르곤졸라 치즈 소스로 구운 허브 버섯크림 파스타

재료

- 크레이프(crepe)_2pc
- 양송이(mushroom slice)_40g
- 양파(onion chopped)_20g
- 타임(thyme)_2g
- 마조람(majoram)_2g
- 파슬리(parsley chopped)_5g
- 베샤멜 소스(bechamel sauce)_100g
- 버터(butter)_20g
- 토마토(tomato concasse)_40g
- 생크림(fresh cream)_80g
- 고르곤졸라 치즈(gorgonzola cheese)_30g
- 피자치즈(mozzarella cheese)_30g
- 파마산치즈(parmesan cheese)_10g
- 스트라이프 파스타(stripe pasta)_20g
- 방울토마토(cherry tomato)_1/2ea
- 바질(basil)_1sprig

만드는 방법

1. 밀가루, 우유, 달걀을 이용하여 크레이프(crepe)를 만든다.
2. 양송이, 양파, 파슬리를 곱게 다져 놓는다.
3. 베샤멜 소스를 만들어 놓는다.
4. 소스 팬에 버터를 두르고 양파와 양송이버섯을 볶는다.
5. 4에 베샤멜 소스, 피자치즈, 파마산치즈, 타임, 마조람, 파슬리를 넣는다.
6. 팬케이크에 5번을 넣고 지름 약 4cm 정도로 말아서 뚜껑을 덮어 냉장고에 8시간 이상 보관한다.
7. 베샤멜 소스에 고르곤졸라 치즈와 생크림을 넣고 소스를 만든다.
8. 토마토를 껍질과 씨를 제거하여 다져 놓는다.
9. 내열접시의 바닥에 버터를 바르고 베샤멜 소스를 조금 깔고 그 위에 6번을 4cm 두께로 두 쪽을 썰어서 놓고 토마토와 7번의 소스를 덮어씌운다.
10. 오븐(180℃)에서 갈색이 나도록 굽는다.
11. 스트라이프 파스타, 방울토마토, 바질 잎으로 장식하여 완성한다.

Stripe Pasta with Olive Oil and Dried Fruits

마늘 올리브오일의 스트라이프 파스타와 건조과일

재료

- 스트라이프 파스타(stripe pasta)_120g
- 올리브오일(olive oil)_30ml
- 마늘(garlic)_20g
- 파마산치즈(parmesan cheese)_20g
- 말린 단감(dried persimmon)_3pc
- 말린 토마토(dried tomato)_3pc
- 바질(basil)_1sprig
- 소금 · 후추(salt & pepper)_pinch

만드는 방법

1. 스트라이프 누들을 3cm 넓이로 잘라서 삶은 뒤 냉수에 식혀 놓는다.

2. 소스 팬에 올리브오일을 두르고 얇게 썬 마늘을 갈색이 나도록 볶는다.

3. 2번에 1번을 넣고 파마산치즈와 소금과 후추로 간을 한다.

4. 접시에 말린 토마토와 감으로 장식하고 가운데 파스타를 놓는다.

5. 바질 잎으로 장식하여 완성한다.

Tip & Tip

1. 스트라이프 누들은 필요시 즉시 삶아 사용한다.
2. 올리브오일 대신에 헤즐넛(hazelnut)오일을 사용해도 좋다.

Seafood Spaghetti with Tomato Sauce

스파게티 해산물 토마토 소스

재료

- 스파게티(spaghetti)_140g
- 홍합(black mussel)_80g
- 중합(clams)_80g
- 새우(shrimp M)_3ea
- 양파(onion chopped)_20g
- 올리브오일(olive oil)_20ml
- 백포도주(white wine)_20ml
- 버터(butter)_10g
- 토마토 소스(tomato sauce)_120ml
- 바질(basil)_pinch

만드는 방법

1. 스파게티를 알단떼로 삶아 놓는다.

2. 홍합, 중합을 깨끗이 씻어서 살짝 삶아 놓는다.

3. 새우의 내장을 제거하고 삶아서 껍질을 제거한다.

4. 소스 팬에 올리브오일과 버터를 넣고 양파를 볶다가 양파가 투명해지면 토마토 소스를 넣는다.

5. 4번에 홍합, 중합, 새우를 넣고 소금과 후추로 간을 한다.

6. 5번에 스파게티를 넣고 혼합하여 접시에 담고 바질 잎으로 장식한다.

Paella
(Spanish Seafood Rice)
파에야(스페인식 해산물 라이스)

재료

- 쌀(rice)_70g
- 양파(onion chopped)_20g
- 마늘(garlic)_5g
- 청피망(green pimento)_20g
- 홍피망(red pimento)_20g
- 올리브오일(olive oil)_30ml
- 버터(butter)_10g
- 소금 · 후추(salt & pepper)_pinch
- 백포도주(white wine)_20ml
- 새우(shrimp M)_2ea
- 홍합(black mussel)_3ea
- 중합(clam)_3ea
- 오징어(cuttlefish)_30g
- 샤프란(saffron)_pinch
- 치킨스톡(chicken stock)_250ml

만드는 방법

1. 오징어, 홍합, 중합 그리고 새우를 깨끗하게 씻어 놓는다.

2. 홍합과 중합을 삶아 놓는다.

3. 소스 팬에 올리브오일과 버터를 두르고 양파와 마늘을 색이 나지 않게 볶는다.

4. 3에 쌀을 넣고 살짝 볶은 다음 백포도주와 치킨스톡을 넣고 저으면서 끓기 시작하면 뚜껑을 덮어서 불을 낮추고 밥을 한다. 10분쯤 지난 후 1과 2의 해산물 재료를 밥 위에 올려놓고 뜸을 들인다.

5. 밥이 다 되면 해산물과 밥을 섞어서 접시에 담고 로즈메리로 장식한다.

Tip & Tip

1. 조개류는 삶아서 사용한다.
2. 닭다리 등 육류를 첨가하고 싶으면 오븐 등에서 미리 익혀서 사용한다.
3. 찬밥이 남지 않도록 파에야 조리 시 양을 조절한다.
4. 시나몬(계피)스틱을 조금 첨가해도 좋다.

Seafood Risotto
해산물 리조토

재료

- 홍합(black mussel)_3ea
- 중합(clam)_3ea
- 연어(salmon filet)_30g
- 광어(halibut filet)_30g
- 양파(onion chopped)_20g
- 청피망(green pimento)_20g
- 홍피망(red pimento)_20g
- 쌀(rice)_70g
- 올리브오일(olive oil)_30ml
- 화이트와인(white wine)_30ml
- 치킨스톡(chicken stock)_250ml
- 버터(butter)_10g
- 생크림(fresh cream)_20ml
- 파슬리(parsley chopped)_2g
- 소금·후추(salt & pepper)_pinch
- 파마산치즈(parmesan cheese)_5g

만드는 방법

1. 조개, 홍합을 깨끗이 씻어 놓는다.

2. 광어와 연어살을 1cm 크기의 정사각형으로 자른다.

3. 양파를 껍질을 까서 다진다.

4. 청피망과 홍피망을 꼭지와 씨를 제거하고 0.5cm×0.5cm 크기로 자른다.

5. 소스 팬에 올리브오일을 두르고 양파를 볶다 1과 화이트와인을 첨가하여 익힌 다음 육수를 체에 걸러서 조갯살과 분리하여 놓는다.

6. 소스 팬에 올리브오일과 버터를 넣고 양파 다진 것을 볶다 피망을 넣고 살짝 볶은 후 쌀과 5의 육수 그리고 치킨스톡을 넣은 후 바닥이 눋지 않도록 저어가면서 익힌다.

7. 6의 밥이 2/3 정도 되면 2와 5의 조개와 홍합을 넣고 완전히 익힌다.

8. 생크림, 소금, 후추 그리고 파마산치즈를 첨가하여 마무리하고 파슬리를 뿌려준다.

Paprika and Tomato Risotto

파프리카와 토마토 리조토

 재료

- 홍합(black mussel)_3ea
- 중합(clam)_3ea
- 연어(salmon filet)_30g
- 광어(halibut filet)_30g
- 양파(onion chopped)_20g
- 청피망(green paprika)_20g
- 홍피망(red paprika)_20g
- 쌀(rice)_70g
- 올리브오일(olive oil)_30ml
- 화이트와인(white wine)_30ml
- 치킨스톡(chicken stock)_250ml
- 버터(butter)_10g
- 생크림(fresh cream)_20ml
- 파슬리(parsley chopped)_2g
- 소금 · 후추(salt & pepper)_pinch
- 파마산치즈(parmesan cheese)_5g

만드는 방법

1. 피망을 깨끗이 씻어서 꼭지와 씨를 제거하고 0.5mm의 정육면체로 자른다.

2. 양파는 껍질을 벗기고 잘게 다진다.

3. 토마토를 끓는 물에 데쳐서 껍질과 씨를 제거하고 잘게 다진다.

4. 소스 팬에 올리브오일과 버터를 넣고 양파를 투명하게 볶은 후 쌀과 치킨스톡을 넣고 2번과 3번을 넣는다.

5. 바닥이 눋지 않도록 저어가면서 밥을 한다.

6. 마지막에 버터, 파마산치즈, 소금, 후추로 간을 하여 마무리하고 파슬리를 뿌려준다.

Mushroom Risotto

버섯 리조토

재료

- 청피망(green pimento)_20g
- 홍피망(red pimento)_20g
- 황피망(yellow pimento)_20g
- 토마토(tomato concasse)_30g
- 양파(onion chopped)_30g
- 올리브오일(olive oil)_30ml
- 버터(butter)_20g
- 파마산치즈(parmesan cheese)_10g
- 쌀(rice)_70g
- 파슬리(parsley chopped)_2g
- 소금 · 후추(salt & pepper)_pinch

만드는 방법

1. 양파를 잘게 다진다.

2. 양송이를 깨끗하게 닦아서 슬라이스한다.

3. 소스 팬에 버터와 올리브오일을 두르고 양파를 투명하게 볶는다.

4. 3에 양송이를 넣고 살짝 볶은 다음 쌀을 넣고 치킨스톡을 넣는다.

5. 밥이 다 되면 생크림과 파마산치즈를 넣고 소금과 후추로 간을 한다.

6. 접시에 담고 파슬리를 뿌려낸다.

 Tip & Tip

1. 밥이 눋지 않도록 주걱으로 저어주면서 익힌다.
2. 밥이 너무 퍼지지 않도록 주의한다.

Baked Candy Pasta Stuffed Meat with Bolognese Sauce

미트 소스로 속을 채운 캔디 파스타

재료

- 크레이프(crepe)_3장
- 양파(onion chopped)_30g
- 셀러리(celery chopped)_15g
- 당근(carrot chopped)_15g
- 마늘(garlic chopped)_10g
- 토마토 페이스트(tomato paste)_30g
- 치킨스톡(chicken stock)_250ml
- 스파게티(spaghetti)_90g
- 파마산치즈(parmesan cheese)_20g
- 모차렐라치즈(mozzarella cheese)_20g
- 토마토 소스(tomato sauce)_40ml
- 베샤멜 소스(bechamel sauce)_30ml
- 양송이(mushroom)_40g
- 방울토마토(cherry tomato)_1ea
- 월계수 잎(bay leaf)_1ea
- 오레가노(oregano)_1g
- 타임(thyme)_1g
- 바질 잎(basil leaf)_1sprig

만드는 방법

1. 지름 20cm 테플론 팬을 이용하여 크레이프를 만든다.
2. 소스 팬에 버터를 넣고 양파, 마늘, 당근, 셀러리, 쇠고기 다진 것을 넣고 볶는다.
3. 2에 토마토 페이스트를 넣고 1분간 볶다 치킨스톡, 월계수 잎, 타임, 오레가노를 넣고 약한 불에서 30분간 끓인 다음 소금과 후추로 간을 한다.
4. 1을 바닥에 펴고 3을 놓고 모차렐라치즈와 파마산치즈를 넣은 뒤 둥그렇게 캔디처럼 말아서 바닥에 버터를 바른 뒤 피자 팬에 놓는다.
5. 4위에 다시 버터를 바르고 파마산치즈를 뿌린 다음 오븐에서 굽는다.
6. 접시에 담고 토마토 소스와 베샤멜 소스를 곁들이고 양송이, 방울토마토, 바질 잎으로 장식한다.

크레이프(crepe)

재료

- 달걀(egg)_3개
- 밀가루(중력)(flour)_2Tsp
- 우유(milk)_1Tsp
- 물(water)_pinch
- 버터(butter)_1Tsp
- 소금(salt)_적당량

만드는 방법

1. 스테인리스 볼에 달걀, 우유, 물, 소금을 넣고 잘 섞은 다음 밀가루를 넣고 혼합한다.
2. 버터를 완전히 녹여서 1에 첨가하고 고운체로 거른다.
3. 크레이프 반죽은 가능하면 1시간 이상 휴지기를 주면 좋다.

Potato Gnocchi with Spinach in Brown Sauce

포테이토 시금치 뇨키와 브라운 소스

재료

- 감자(potato)_160g
- 시금치(spinach)_20g
- 밀가루(flour)_30g
- 달걀(egg)_1/2ea
- 파마산치즈(parmesan cheese)_30g
- 양송이(mushroom)_40g
- 양파(onion chopped)_30g
- 버터(butter)_20g
- 토마토 소스(tomato sauce)_30ml
- 브라운 소스(brown sauce)_30ml
- 소금 · 후추(salt & pepper)_pinch

만드는 방법

1. 시금치를 깨끗하게 씻어서 곱게 간다.

2. 감자를 깨끗이 씻어서 껍질째 완전히 삶은 다음 체에 내려놓는다.

3. 2를 깨끗한 작업대에 펼쳐 놓고 밀가루(20%)와 달걀(20%) 그리고 시금치 (색깔이 나도록) 간 것과 파마산치즈, 소금, 후추를 넣고 가볍게 섞으면서 반죽을 한다.

4. 3의 반죽을 지름 1cm의 굵기로 가느다랗게 만 후 2cm 길이로 잘라서 포크 의 날을 이용하여 수포를 제거한다.

5. 끓는 물에 약간의 소금과 식용유를 첨가하고 4를 삶아서 곧바로 얼음물에 식힌 다음 약간의 식용유를 뿌려서 준비한다.

6. 팬에 버터를 넣고 양파 다진 것을 볶다가 양송이와 5를 넣고 소금, 후추로 간을 하고 파마산치즈를 첨가하여 마무리한다.

7. 토마토 소스와 브라운 소스를 반반으로 하여 소스를 만들어서 믹서에 갈아 접시의 바닥에 양송이 볶은 것과 6을 놓고 마무리한다.

Tip & Tip

1. 뇨키 반죽 시 너무 많이 주무르면 전분이 한 곳으로 뭉치기 때문에 적당히 섞는 정도로 반죽을 해야 한다.

Pasta

파프리카 소스 만드는 방법

- 홍피망(red paprika)_200g
- 양파(onion)_30g
- 백포도주(white wine)_30ml
- 버터(butter)_20g
- 생크림(fresh cream)_30ml
- 소금 · 후추(salt & pepper)_pinch

1. 홍피망의 껍질을 직화로 태운 다음 비닐봉지에 담아서 2분간 둔다.

2. 홍피망의 꼭지, 껍질, 씨를 제거한 후 잘게 채 썬다.

3. 다진 양파를 버터 두른 소스 팬에 볶다가 2번을 넣고 백포도주를 첨가한다.

4. 3번을 믹서에 곱게 간 후 체에 걸러서 생크림을 넣고 농도를 조절한다.

5. 소금, 후추로 간을 하여 버터몬테를 한 후에 사용한다.

토마토 소스 만드는 방법

- 토마토(tomato)_500g
- 양파(onion)_50g
- 마늘(garlic)_10g
- 토마토 페이스트(tomato paste)_50g
- 치킨스톡(chicken stock)_500ml
- 버터(butter)_20g
- 월계수 잎(bay leaf)_2ea
- 오레가노(oregano)_2g
- 바질(basil)_2g
- 설탕(sugar)_10g
- 소금 · 후추(salt & pepper)_pinch

1. 토마토를 끓는 물에 살짝 데쳐서 껍질을 제거한다.
2. 토마토의 꼭지와 씨를 제거한 다음 잘게 다진다.
3. 소스 팬에 버터를 두르고 다진 양파를 투명해질 때까지 볶다가 다진 마늘을 넣고 볶는다.
4. 3번에 토마토 페이스트를 넣고 약 5분간 더 볶은 후 마지막에 다진 토마토를 넣고 볶다가 치킨 스톡을 넣는다.
5. 향신료로 오레가노, 바질, 월계수 잎을 넣고 약 40분간 약한 불로 서서히 끓인다.
6. 토마토 소스가 완성되면 월계수 잎을 제거하고 설탕, 소금, 후추로 간을 한 후에 사용한다.

베샤멜 소스 만드는 방법

- 우유(milk)_1,000ml
- 밀가루(중력)(flour)_50g
- 버터(butter)_50g

- 양파(작은 것)(onion)_1ea
- 정향(clove)_ 2ea
- 월계수 잎(bay leaf)_1ea

1. 우유를 따끈하게 데운다.
2. 바닥이 두꺼운 소스 팬을 이용하여 약한 불에서 버터를 녹인 후 밀가루를 넣고 색깔이 변하지 않도록 살짝 볶은 다음 바닥을 냉수에 잠시 담가서 타지 않도록 한다.
3. 작은 양파의 껍질을 제거하고 작은 월계수 잎 한 장을 정향으로 고정시킨다.
4. 2번에 뜨거운 열이 없어지면 1번을 첨가하여 소스를 만든 후 3번을 넣고 뚜껑을 덮고 오븐(180℃)에서 약 20분간 익힌다.
5. 4번을 거즈를 이용하여 거른 다음 소금, 백후추로 간을 하여 사용한다.

Sole Colbert

혀가자미 콜베르

재료

- 혀가자미(sole)_1pc
- 밀가루(flour)_10g
- 달걀(egg)_1ea
- 빵가루(bread crumb)_30g
- 버터(butter)_40g
- 레몬(fresh lemon)_1/2ea
- 파슬리(pasley chopped)_5g
- 파슬리 포테이토(parsley potato)_2pc
- 방울토마토(cherry tomato)_1ea
- 아스파라거스(asparagus)_1ea
- 소금 · 후추(salt & pepper)_pinch

만드는 방법

1. 혀가자미의 비늘과 지느러미를 제거한다.
2. 등쪽(검은 부분) 껍질을 입 주위에서부터 벗긴다.
3. 혀가자미의 절반을 5장 뜨기 식으로 하여 세로로 등뼈까지 자른 다음 양쪽으로 벌려놓는다.
4. 소금과 후추로 양념을 하고 레몬주스를 뿌린다.
5. 밀가루를 입힌 다음 달걀 풀어놓은 물에 적셔서 빵가루를 입힌다.
6. 식용유(170℃)에 갈색이 나도록 튀김을 한다.
7. 튀김이 완료되면 중앙에 있는 뼈를 살이 부서지지 않도록 조심해서 분리한다.
8. 뼈를 제거한 다음 준비된 'Maitre D'Hôtel Butter'를 모양깍지로 예쁘게 장식한다.
9. 접시에 담을 때는 머리 부분이 왼쪽을 향하게 놓는다.

Maitre D'Hôtel Butter

재료

- 버터(butter)_20g
- 파슬리(parsley chopped)_3g
- 레몬주스(lemon juice)_5ml

만드는 방법

1. 버터를 실온에서 부드럽게 만든다.
2. 파슬리 다진 것을 준비한다.
3. 믹싱볼에 1번과 2번을 넣고 거품기로 섞은 다음 레몬주스를 넣고 혼합한다.
4. 모양깍지를 넣은 짤주머니에 담아서 사용하거나 유산지에 말아서 냉동보관하면서 사용할 수 있다.

 Tip & Tip

1. 혀가자미의 살이 부서지지 않도록 손질을 잘한다.
2. 튀김을 할 때 생선살이 부서지거나 빵가루가 벗겨지지 않도록 주의한다.
3. 튀김 후 중앙의 척추뼈를 제거한 다음 음식이 식지 않도록 주의한다.

Pan-Fried Red Snapper
Rolled with Potato

감자로 감싼 적도미살 구이

재료

- 적도미살(red snapper)_130g
- 감자(potato)_200g
- 밀가루(flour)_5g
- 버터(butter)_10g
- 레몬(fresh lemon)_1/6ea
- 엔다이브(endive)_1/4ea
- 토마토(tomato)_1/8ea
- 방울토마토(cherry tomato)_1/2ea
- 베이비당근(baby carrot)_1ea
- 아스파라거스(asparagus)_1ea
- 애호박(pumpkin young)_20g
- 바질(fresh basil)_1sprig
- 대파(leek)_30g
- 소금 · 후추(salt & pepper)_pinch

만드는 방법

1. 적도미살을 소금, 후추로 간한다.
2. 감자의 껍질을 벗긴 다음 회전채칼을 이용하여 감자를 실과 같이 길게 만든다.
3. 1번에 밀가루를 살짝 묻힌 다음 2번의 감자를 이용하여 돌려가며 감는다.
4. 식용유 1에 버터 2를 넣은 후 3번을 표면이 연한 갈색이 나도록 돌려가며 굽는다.
5. 파이 팬에 담아 오븐에서 마무리한다.
6. 엔다이브를 1/4 등분하여 버터에 굽는다.
7. 삶은 감자, 아스파라거스, 애호박, 방울토마토, 당근으로 장식을 한다.
8. 대파를 흰 부분과 푸른 부분으로 구별하여 가늘게 채 썬 다음 기름에 튀겨서 생선 위에 장식하고 화이트와인 소스와 레몬을 곁들인다.

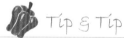

1. 감자로 도미살을 돌려 싼 다음 전분을 살짝 묻혀서 구우면 좋다.
2. 감자의 양이 너무 많이 들어가지 않도록 주의한다.
3. 파는 약한 불에서 튀겨야 색이 변하지 않는다.

Baked Sea-bass with Herb Crust and Sorrel Sauce

치즈와 허브로 감싼 농어구이와 소렐 소스

재료

- 농어(sea-bass)_140g
- 버터(butter)_10g
- 생크림(fresh cream)_50ml
- 백포도주(white wine)_30ml
- 레몬주스(lemon juice)_10ml
- 소렐(sorrel)_10g
- 브로콜리(broccoli)_20g
- 당근(carrot)_15g
- 애호박(zucchini)_20g
- 감자(potato)_30g
- 허브크러스트(herb crust)_30g
- 소금 · 후추(salt & pepper)_pinch

만드는 방법

1. 농어 140g을 잘라서 소금, 후추, 레몬주스를 첨가하여 밀가루를 바른다.

2. 양쪽 표면이 살짝 구워지면 허브크러스트를 덮어 오븐에서 익힌다.

3. 다 익으면 절반을 잘라 접시에 담고 브로콜리, 당근, 감자, 애호박을 곁들인다.

4. 프레시 처빌과 바질로 장식한다.

5. 양파를 버터에 살짝 볶다가 백포도주와 생크림을 넣고 소스를 만들어 체에 걸러서 소금, 후추, 레몬주스를 넣고 간을 맞춘다.

6. 5번의 소스에 소렐은 약간 굵게 채 썰어서 넣고 소렐 소스를 곁들인다.

Herb Crust

재료

- 빵가루(bread crumb)_20g
- 파마산치즈(parmesan cheese)_5g
- 타임(dried thyme)_1g
- 바질(dried basil)_1g
- 딜(dried dill)_1g
- 파슬리(parsley chopped)_5g
- 양파(onion chopped)_10g
- 버터(butter)_10g
- 난황(egg yolk)_1ea

만드는 방법

1. 양파를 버터에 투명해질 때까지 볶는다.

2. 믹싱볼에 담고 빵가루, 파미산치즈, 허브, 난황, 버터를 넣고 섞는다.

3. 반죽의 농도는 손으로 얇게 펼 수 있는 정도로 한다.

Tip & Tip

1. 소렐이 없을 때는 프레시 바질 잎을 사용할 수 있다.

Grilled Salmon
with Chianti Sauce

연어 스테이크와 키안티 레드와인 소스

재료

- 연어살(salmon filet)_160g
- 대파(흰 부분)(leek white part)_30g
- 팽이버섯(inoki mushroom)_30g
- 시금치(spinach)_30g
- 감자(potato)_40g
- 바질튀김(fried basil)_5g
- 실파(chive)_5g
- 연근튀김(fried lotus root)_1ea
- 레몬웨지(lemon wedge)_1ea
- 버터(butter)_20g
- 브라운 소스(brown sauce)_40ml
- 키안티 레드와인(chianti red wine)_20ml
- 밀가루(flour)_2g
- 소금 · 후추(salt & pepper)_pinch

만드는 방법

1. 연어의 비늘과 가시를 제거하고 소금, 후추로 간을 한다.

2. 대파의 흰 부분을 어슷썰기로 준비한다.

3. 시금치를 끓는 물에 살짝 데쳐 놓는다.

4. 감자 껍질을 제거하고 가늘게 채 썰어서 버터에 볶아 놓는다.

5. 연근을 얇게 썰고 바질을 가늘게 채 썰어서 튀겨 놓는다.

6. 1의 연어에 밀가루를 조금 묻혀서 버터 두른 프라이팬에 배 쪽부터 굽는다.

7. 대파, 시금치, 팽이버섯을 버터에 볶아서 소금과 후추로 간하여 접시의 중앙에 놓고 그 위에 구운 연어를 놓는다.

8. 연어 위에 4와 5를 올려놓고 연근튀김, 레몬, 차이브로 장식한다.

9. 키안티 레드와인 소스를 곁들인다.

키안티 레드와인 소스

재료

- 양파(onion chopped)_10g
- 키안티 레드와인(chianti red wine)_40ml
- 데미글라스 소스(demiglace sauce)_30ml
- 버터(butter)_5g
- 소금 · 후추(salt & pepper)_pinch

만드는 방법

1. 소스 팬에 버터를 두르고 양파가 투명해질 때까지 볶는다.

2. 레드와인을 첨가하고 절반이 되도록 조린다.

3. 브라운 소스를 첨가하고 소금과 후추로 간을 한 후 고운체에 걸러서 사용한다.

Poached Filet of Halibut

광어찜과 화이트와인 소스

재료

- 광어살(halibut filet)_130g
- 대파(leek)_50g
- 감자(potato)_60g
- 단호박(sweet pumpkin)_30g
- 화이트와인 소스(white wine sauce)_60ml
- 레몬(lemon)_1/4ea
- 버터(butter)_30g
- 양파(onion chopped)_20g
- 소금 · 후추(salt & pepper)_pinch

만드는 방법

1. 광어살을 뼈와 분리하여 물기를 제거하고 소금, 후추, 화이트와인, 레몬주스로 간하여 찜을 한다.
2. 대파를 어슷썰기하여 버터와 화이트와인에 볶아 놓는다.
3. 감자를 둥글게 모양내어 삶아서 버터에 살짝 튀겨 놓는다.
4. 단호박을 모양내어 삶아서 버터에 볶아 놓는다.
5. 대파의 흰 부분과 푸른 부분을 가늘게 채 썰어서 식용유에 튀겨 놓는다.
6. 접시 중앙에 2와 1을 놓은 후 화이트와인 소스를 뿌린 다음 그 위에 5를 장식한다.
7. 감자와 단호박을 곁들인다.

화이트와인 소스

재료

- 대파(leek)_30g
- 화이트와인(white wine)_40ml
- 생크림(fresh cream)_40ml
- 레몬(fresh lemon)_1/6ea
- 버터(butter)_10g
- 소금 · 후추(salt & pepper)_pinch

만드는 방법

1. 소스 팬에 버터를 두르고 대파 썬 것을 볶는다.
2. 화이트와인을 넣고 반으로 조린 다음 생크림을 넣는다.
3. 레몬주스, 소금, 후추로 간을 한 후 고운체에 거른다.

Emincer Veal Loin with Mushroom Sauce and Roasted Potato

양송이버섯 소스의 송아지고기와 로스티드 포테이토

재료

- 송아지 안심(veal tenderloin)_120g
- 양송이버섯(mushroom)_40g
- 양파(onion)_20g
- 버터(butter)_20g
- 화이트와인(white wine)_20ml
- 밀가루(flour)_1/2tsp
- 데미글라스 소스(demiglace sauce)_50ml
- 생크림(fresh cream)_10ml
- 로스티드 포테이토(roasted potato)_80g
- 방울토마토(cherry tomato)_1/2ea
- 모양양송이(turned mushroom)_1ea
- 파슬리(parsley)_2g
- 소금 · 후추(salt & pepper)_pinch

만드는 방법

1. 송아지 안심의 힘줄과 지방을 제거하고 얇게 어슷썰기하여 소금과 후추로 간을 하고 약간의 밀가루를 뿌려놓는다.
2. 양파 껍질을 제거하고 곱게 다진다.
3. 양송이를 깨끗하게 씻어서 얇게 썬다.
4. 프라이팬에 버터를 두르고 센 불에 2를 볶다가 투명해지면 1을 넣고 다음에 3을 넣고 살짝 볶아서 다른 그릇에 놓는다.
5. 4의 빈 프라이팬에 화이트와인을 넣고 반으로 조린 다음 데미글라스 소스와 생크림을 넣고 연한 갈색의 크림 소스를 만든다.
6. 5에 4와 다진 파슬리와 버터를 넣은 후 접시에 담고 로스티드 포테이토를 곁들인다.

roasted potato

재료

- 감자(potato)_200g
- 양파(onion)_30g
- 버터(butter)_10g
- 베이컨(bacon)_20g
- 파슬리(parsley)_2g
- 소금 · 후추(salt & pepper)_pinch

만드는 방법

1. 감자 껍질을 깨끗이 씻고 껍질째 75% 정도 삶아서 식힌 다음 사각 스테인리스 채칼을 이용하여 가늘게 썰어 놓는다.
2. 양파를 곱게 다지고 베이컨을 가늘게 채 썬다.
3. 테플론 팬에 버터를 넣고 2를 볶은 다음 1을 넣고 소금, 후추, 파슬리를 넣는다.
4. 3번을 한쪽 면이 갈색이 나면 전체적으로 섞은 후 다시 모양을 잡아서 양쪽 면이 갈색이 나도록 하여 팬케이크를 만든다.

** 감자를 너무 많이 삶으면 채 썰어지지 않고 부서지므로 주의한다.
** 두께는 약 5mm 정도가 되도록 한다.
** 송아지 고기 대신 쇠고기 안심을 사용해도 된다.

Chicken Galantine with Raspberry Coulis

치킨 갈랑틴과 산딸기 쿨리

재료

- 닭고기(chicken)(400g)_1/2마리
- 당근(carrot)_20g
- 햄(ham)_20g
- 완두콩(green peas)_10g
- 생크림(fresh cream)_30ml
- 엔다이브(endive)_1/4ea
- 베이비당근(baby carrot)_1ea
- 오렌지웨지(orange wedge)_1ea
- 가지(eggplant)_30g
- 느타리버섯(agaric mushroom)_20g
- 청피망(green pimento)_10g
- 타임(fresh thyme)_3sprig
- 산딸기 쿨리(raspberry coulis)_40ml
- 소금 · 후추(salt & pepper)_pinch

만드는 방법

1. 닭의 뼈를 제거하고 가슴살과 다리살의 껍질과 분리하여 껍질을 편 다음 그 위에 다리살을 넓게 펴서 놓는다.
2. 당근을 6mm 크기의 사각형으로 잘라서 삶아 놓는다.
3. 햄을 6mm 크기의 사각형으로 잘라서 놓는다.
4. 가슴살을 곱게 다진 다음 생크림을 넣고 당근, 햄, 완두콩, 소금과 후추로 간을 한 후 1의 위에 놓고 둥그렇게 말아서 거즈수건으로 말아서 찜 솥에서 20분간 익힌다.
5. 접시에 썰어서 담고 채소와 타임 그리고 산딸기 쿨리로 장식한다.

● Raspberry Coulis 만드는 방법

1. 소스 팬에 버터를 두르고 양파 다진 것을 볶다가 약한 불에서 산딸기 퓌레와 닭고기 육수를 넣고 조린 후 약간의 생크림과 소금, 후추로 간한 후 체에 걸러서 사용한다.

Chicken Cordon Bleu

치킨 코르동 블뢰

재료

- 닭고기 가슴살(chicken breast)_1ea
- 햄(ham)_20g
- 치즈(cheese)_20g
- 버터(butter)_20g
- 밀가루(flour)_5g
- 빵가루(bread crumb)_10g
- 달걀(egg)_1ea
- 당근(carrot)_30g
- 단호박(sweet pumpkin)_30g
- 감자(potato)_30g
- 연근 튀긴 것(fried lotus root)_10g
- 타임(fresh thyme)_2sprig
- 소렐 소스(sorrel sauce)_30ml

만드는 방법

1. 닭고기 가슴살을 넓게 펼친 다음 햄과 치즈를 넣고 둥그렇게 만든다.

2. 1에 소금, 후추로 간한 후 밀가루, 달걀, 빵가루를 입힌다.

3. 프라이팬에 식용유와 버터를 두른 후 2를 넣고 돌려가며 갈색이 나도록 굽는다.

4. 3의 표면에 갈색이 나면 220℃의 오븐에 약 10분간 넣어서 익힌다.

5. 완전히 익으면 접시에 담고 채소와 소렐 소스를 곁들인다.

재료

- 양파(onion)_10g
- 버터(butter)_5g
- 소렐(fresh sorrel)_10g
- 치킨육수(chicken stock)_20ml
- 화이트와인(white wine)_20ml

만드는 방법

1. 소렐을 깨끗이 씻어서 잘게 다진 다음 화이트와인과 함께 믹서에 곱게 간다.

2. 소스 팬에 버터를 두르고 양파를 살짝 볶은 후 치킨육수와 1을 넣고 약한 불로 조린 다음 소금, 후추로 간을 하고 고운체에 걸러서 사용한다.

 Tip & Tip

1. 닭고기요리는 너무 많이 익히면 수분이 증발하여 맛이 없다.

2. 오븐에서는 빵가루 표면에 갈색이 잘 나지 않으므로 프라이팬에서 충분히 갈색을 내야 한다.

3. 빵가루를 입혀서 오븐에 굽는 요리는 빵가루 위로 작은 방울이 보이기 시작하면 충분히 익은 것으로 본다.

Beef Tenderloin Bordelaise Sauce

안심스테이크와 보르들레즈 소스

재료

- 쇠고기 안심(beef tenderloin)_180g
- 당근(carrot)_30g
- 브로콜리(broccoli)_30g
- 가지(eggplant)_20g
- 애호박(pumpkin young)_20g
- 새송이버섯(mushroom)_20g
- 아스파라거스(asparagus)_20g
- 프레시 타임(fresh thyme)_2sprig
- 보르들레즈 소스(bordelaise sauce)_40ml
- 도핀 포테이토(dauphine potato)_2ea
- 파슬리(parsley)_2g
- 소금 · 후추(salt & pepper)_pinch

만드는 방법

1. 쇠고기 안심스테이크를 소금과 후추로 간하여 식용유를 발라서 석쇠에서 굽는다.
2. 애호박, 새송이버섯, 가지에 소금, 후추, 식용유를 발라서 석쇠에서 굽는다.
3. 아스파라거스는 살짝 삶고 당근은 삶아서 글레이징한다.
4. 접시에 준비된 채소와 도핀 포테이토를 중앙에 놓고 그 위에 스테이크를 놓고 프레시 타임으로 장식을 한다.
5. 보르들레즈 소스를 곁들여서 마무리한다.

● Bordelaise sauce 만드는 방법

1. 사골(bone marrow)을 80℃ 물에 살짝 데쳐서 물기를 제거한다.
2. 데미글라스 소스에 으깬 통후추와 레드와인을 넣고 조리다가 1과 파슬리 다진 것을 넣고 레몬주스 1~2방울을 첨가하여 마무리한다.
3. 사골을 너무 오래 소스에 넣어두면 완전히 녹게 되므로 서빙 직전에 넣고 마무리하여야 한다.

Steamed Veal Tenderloin with Vegetable and Potato Crust

감자 도우로 감싼 송아지 안심요리

재료

- 송아지 안심(veal tenderloin)_120g
- 감자(potato)_80g
- 당근(carrot)_50g
- 셀러리(celery)_20g
- 버터(butter)_5g
- 대파(leek)_20g
- 베이비양파(baby onion)_30g
- 서양 물냉이(watercress)_40g
- 레드와인 소스(red wine sauce)_40ml
- 밀가루(flour)_20g
- 난백(egg white)_1ea
- 소금 · 후추(salt & pepper)_pinch

만드는 방법

1. 감자를 깨끗이 씻어 껍질째 삶아서 매시드 포테이토를 만든 다음 밀가루, 난백, 소금을 넣어 반죽을 만든다.

2. 송아지 안심을 세로로 2/3를 잘라 살짝 두드려서 소금과 후추로 간을 한다.

3. 당근, 셀러리, 대파를 가늘게 채 썬 다음 버터로 살짝 볶아낸다.

4. 2에 3을 넣고 둥그렇게 만든다.

5. 바닥에 비닐을 깔고 밀대를 이용하여 1을 5mm 두께로 일정하게 민 다음 4를 놓고 만 후 겹쳐지는 부분은 잘라낸다.

6. 거즈수건을 이용하여 5를 만 후 양쪽을 묶은 다음 찜솥에서 15분간 익힌다.

7. 완전히 익으면 잘라서 접시에 담고 채소와 레드와인 소스로 마무리한다.

1. 감자로 겉을 말았으므로 별도의 감자를 제공할 필요는 없다.
2. 베이비양파는 육수에 익혀서 사용한다.
3. 송아지 안심 대신에 돼지 안심을 사용할 수 있다.

Stuffed Beef Tenderloin with Garlic Mousse and Anna Potato

마늘 무스로 속을 채운 안심스테이크와 안나포테이토

재료

- 안심(beef tenderloin)_180g
- 마늘(whole garlic)_1ea
- 아스파라거스(asparagus)_15g
- 애호박(pumpkin young)_20g
- 당근(carrot)_20g
- 새송이버섯(mushroom)_20g
- 방울토마토(cherry tomato)_1ea
- 안나포테이토(potato anna)_40g
- 서양 물냉이(watercress)_20g
- 고구마튀김(fried sweet potato)_20g
- 레드와인 소스(red wine sauce)_60ml
- 소금 · 후추(salt & pepper)_pinch

만드는 방법

1. 통마늘을 오븐에 넣어서 굽는다.
2. 안심스테이크에 소금, 후추를 하고 측면으로 칼집을 넣어 주머니를 만든다.
3. 1의 마늘이 충분히 구워지면 절반을 갈라서 반쪽의 마늘을 이용하여 무스를 만들어서 2의 포켓에 넣고 프라이팬으로 표면을 익힌 후 오븐에서 마무리한다.
4. 3의 반쪽 남은 마늘을 프라이팬에 갈색이 나도록 굽는다.
5. 아스파라거스와 당근을 삶아 놓고, 방울토마토, 애호박, 새송이버섯에 소금과 오일을 발라서 석쇠에 굽는다.
6. 스테이크를 접시에 담고 안나포테이토와 채소로 장식을 하고 레드와인 소스를 곁들인다.

● Potato anna 만드는 방법

1. 감자 껍질을 제거하고 지름 3cm, 두께 3mm 로 동그랗게 모양을 내서 냉수에 담갔다 건져서 물기를 제거한다.
2. 1에 소금, 후추를 하고 버터 2 : 오일 1의 비율로 하여 골고루 혼합한다.
3. 프라이팬에 버터를 바르고 양파 다진 것을 바닥에 골고루 뿌린 다음 2의 감자를 겹쳐서 원형으로 놓고 위에 파미산치즈를 조금 뿌린다.
4. 3을 알루미늄호일로 덮어서 180℃ 오븐에서 약 30분간 익힌다.

Tip & Tip

1. 오븐의 온도가 너무 높으면 감자가 타게 되므로 온도에 주의한다.
2. 감자의 두께가 너무 두꺼우면 잘 익지 않는다.
3. 팬의 바닥에 양파를 깔면 감자가 팬에 달라붙는 것을 방지한다.
4. 마지막 표면의 색깔이 나지 않으면 뚜껑을 벗기고 색깔을 낸다.

Duckling Breast with Bigarade Sauce

오리가슴살과 비가라드 소스

재료

- 오리가슴살(duck breast)_1ea
- 오렌지(orange)_1/2ea
- 베이비당근(baby carrot)_1ea
- 브로콜리(broccoli)_20g
- 아스파라거스(asparagus)_20g
- 단호박(sweet pumpkin)_20g
- 통마늘(whole garlic)_1/2ea
- 연근튀김(fried lotus root)_1ea
- 윌리엄 포테이토(william potato)_1ea
- 비가라드 소스(bigarade sauce)_30ml
- 소금 · 후추(salt & pepper)_pinch

만드는 방법

1. 오리가슴살에 소금, 후추를 하고 프라이팬에 식용유를 두르고 껍질 쪽부터 익힌 다음 오븐에서 완전히 익힌다.
2. 통마늘은 껍질째 오븐에서 굽는다.
3. 브로콜리, 단호박, 아스파라거스, 당근을 삶아서 버터에 볶고 윌리엄 포테이토는 식용유에 튀겨서 놓는다.
4. 접시에 3을 담고 1을 길이로 얇게 썰어서 놓고 윌리엄 포테이토와 비가라드 소스를 곁들인다.

● William potato 만드는 방법

1. 매시드 포테이토를 서양 배 모양으로 만들어서 밀가루, 달걀, 빵가루를 입힌다.
2. 바닥의 중앙에 정향(clove) 한 개를 꽂고 상단에는 스파게티를 꽂아서 식용유에 튀긴다.

bigarade sauce

재료

- 데미글라스 소스
  (demiglace sauce)_60ml
- 오렌지주스(orange juice)_30ml
- 설탕(sugar)_5g
- 버터(butter)_5g

만드는 방법

1. 오렌지의 껍질을 흰 부분이 없도록 얇게 채 썰어서 끓는 물에 삶아 놓는다.
2. 오렌지를 섹션으로 자르고 남은 부분으로 주스를 만든다.
3. 소스 팬에 설탕을 넣고 캐러멜을 만든다.
4. 3에 오렌지주스를 넣고 절반으로 조린다.
5. 4에 데미글라스 소스를 넣고 1과 버터를 넣고 혼합하여 마무리한다.
6. 오렌지섹션은 익히지 않고 그대로 사용한다.

Chicken Cacciatora

치킨 까치아또라

Main Dish

재료

- 닭가슴살(chicken breast)_1ea
- 베이컨(bacon)_20g
- 양파(onion)_30g
- 당근(carrot)_20g
- 셀러리(celery)_20g
- 양송이버섯(mushroom)_30g
- 토마토 다진 것(tomato concasse)_60g
- 화이트와인(white wine)_30ml
- 치킨스톡(chicken stock)_50ml
- 버터(butter)_20g
- 감자(potato)_60g
- 파슬리(parsley)_2g
- 소금 · 후추(salt & pepper)_pinch

만드는 방법

1. 닭가슴살에 소금, 후추, 밀가루를 뿌려서 준비한다.
2. 양파, 셀러리, 당근, 베이컨을 채 썬다.
3. 토마토의 껍질과 씨를 제거하고 작은 사각형(5mm×5mm)으로 자른다.
4. 양송이버섯을 깨끗하게 씻고 슬라이스한다.
5. 프라이팬에 버터와 오일을 두르고 1을 갈색이 나도록 굽는다.
6. 소스 팬에 버터를 두르고 베이컨을 볶다 양파를 넣어서 양파가 투명해지면 셀러리, 당근, 양송이버섯을 넣고 볶는다.
7. 6에 화이트와인과 토마토 다진 것을 넣고 볶은 다음 치킨스톡을 넣고 소금 과 후추로 간을 하여 약한 불에서 약 10분간 서서히 익힌다.
8. 닭고기를 충분히 익힌 후 5와 버터, 파슬리 다진 것을 첨가하고 간을 맞춰 서 마무리한다.
9. 삶은 파리지엔 포테이토에 버터와 파슬리를 첨가하여 파슬리감자를 만든 다.
10. 접시에 사진과 같이 놓고 처빌로 장식한다.

Beef Wellington

웰링턴 비프스테이크

재료

- 쇠고기 안심(beef tenderloin)_130g
- 머시룸 뒥셀(mushroom duxelles)_50g
- 퍼프 페이스트리(puff pastry)_40g
- 아스파라거스(asparagus)_20g
- 당근(carrot)_30g
- 애호박(pumpkin young)_30g
- 토마토(tomato)_30g
- 옥수수(cob of corn)_60g
- 로즈메리(fresh rosemary)_1sprig
- 난황(egg yolk)_1ea
- 레드와인 소스(red wine sauce)_30ml
- 버터(butter)_20g
- 돼지비계(pork fat)_20g
- 소금 · 후추(salt & pepper)_pinch

만드는 방법

1. 안심스테이크를 소금, 후추로 간하여 뜨거운 프라이팬에 겉만 살짝 색깔을 낸다.
2. 두께 5mm 이상의 돼지비계를 15cm×15cm 크기로 잘라 냉동고에 얼려서 육절기로 1mm 두께로 얇게 슬라이스하여 서로 붙지 않도록 하여 냉동 보관한다.
3. 퍼프 페이스트리를 밀대로 3mm 두께로 밀어 편다.
4. 3을 바닥에 깔고 2를 중앙에 스테이크가 덮일 수 있는 크기로 편 다음 머시룸 뒥셀을 중앙에 1스푼 놓고 1을 놓은 후 다시 머시룸 뒥셀 1스푼을 놓은 후 비계로 감싼 다음 가장자리에 달걀을 칠한 퍼프 도우로 덮어서 마무리한다.
5. 팬에 버터를 바르고 5의 윗면이 바닥에 가도록 하여 놓고 달걀 노른자를 표면에 골고루 바른다.
6. 오븐 180℃에 넣고 약 12분간 표면에 색깔이 나도록 익힌다.
7. 접시에 채소와 옥수수로 장식하고 레드와인 소스와 로즈메리를 곁들인다.

 Tip & Tip

1. 퍼프 페이스트리 도우 만드는 방법은 꽃게 비스크 수프를 참고한다.
2. 머시룸 뒥셀이 너무 묽으면 퍼프 페이스트리 도우가 터질 수 있다.
3. 안심 스테이크가 프라이팬에서 너무 많이 익으면 웰던이 되므로 주의한다. 즉 완전히 밀봉되어 있으므로 익는 속도가 빨라진다.
4. 돼지비계 대신에 시금치 잎을 이용할 수 있다.

Braised Pork Shank
with Tomato Sauce

토마토 소스의 돼지사태 찜

재료

- 돼지사태(pork shank)_200g
- 양파(onion)_30g
- 셀러리(celery)_30g
- 양송이버섯(mushroom)_30g
- 버터(butter)_20g
- 토마토 소스(tomato sauce)_80ml
- 토마토(tomato concasse)_30g
- 화이트와인(white wine)_30ml
- 치킨스톡(chicken stock)_200ml
- 마늘(garlic)_10g
- 아스파라거스(asparagus)_20g
- 대파 흰 부분(leek white part)_30g
- 느타리버섯(agaric mushroom)_20g
- 샤프란 라이스(saffron rice)_70g
- 소금 · 후추(salt & pepper)_pinch

만드는 방법

1. 돼지사태를 뼈와 함께 잘라서 흐르는 물에 깨끗이 씻어 물기를 제거하고 소금과 후추로 간하여 밀가루를 뿌려둔다.

2. 양파와 마늘을 곱게 다지고, 셀러리는 채 썰고 양송이는 슬라이스한다.

3. 토마토의 껍질과 씨를 제거하여 잘게 다진다.

4. 프라이팬에 오일을 두르고 1을 갈색이 나게 굽는다.

5. 소스 팬에 버터를 두르고 양파와 마늘을 볶고 양송이, 셀러리, 화이트와인을 첨가한다.

6. 5에 토마토 다진 것, 토마토 소스, 치킨스톡을 넣고 약한 불에서 뚜껑을 덮어 약 40분간 익힌다.

7. 돼지사태가 익은 다음 접시에 담고 남은 소스에 소금, 후추로 간을 하고 농도를 맞춘 후 마무리하여 접시에 담고 샤프란 라이스, 대파, 아스파라거스, 느타리버섯을 놓고 처빌로 장식한다.

Tip & Tip

1. 돼지사태(장족)는 질기므로 약한 불로 서서히 익혀야 한다.
2. 샤프란 라이스는 쌀밥에 샤프란주스와 소금, 후추를 넣고 타지 않도록 살짝 볶아서 노랗게 만들기 때문에 밥이 질지 않아야 한다.

Osso Buco

이태리식 송아지사태 찜

재료

- 송아지사태(veal shank)_200g
- 양파(onion)_30g
- 당근(carrot)_30g
- 셀러리(celery)_30g
- 마늘(garlic)_10g
- 버터(butter)_20g
- 월계수 잎(bay leaf)_1ea
- 화이트와인(white wine)_30ml
- 치킨스톡(chicken stock)_200ml
- 토마토 소스(tomato sauce)_80ml
- 데미글라스 소스(demiglace sauce)_30ml
- 샤프란 라이스(saffron rice)_50g
- 가지(eggplant)_20g
- 애호박(pumpkin young)_30g
- 홍피망(red pimento)_20g
- 프레시 타임(fresh thyme)_2sprig
- 소금 · 후추(salt & pepper)_pinch
- 그레몰라타(gremolata)_소량

만드는 방법

1. 돼지사태를 뼈와 함께 잘라서 흐르는 물에 깨끗이 씻어 물기를 제거하고 소금과 후추로 간을 하고 밀가루를 뿌려둔다.
2. 양파와 마늘을 곱게 다지고, 셀러리는 채 썰고 양송이는 슬라이스한다.
3. 토마토의 껍질과 씨를 제거하고 잘게 다진다.
4. 프라이팬에 오일을 두르고 1을 갈색이 나게 굽는다.
5. 소스 팬에 버터를 두르고 양파와 마늘을 볶고 양송이, 셀러리, 화이트와인을 첨가한다.
6. 5에 토마토 다진 것, 토마토 소스, 치킨스톡을 넣고 약한 불에서 뚜껑을 덮고 약 40분간 익힌다.
7. 돼지사태가 익은 다음 접시에 담고 남은 소스에 소금, 후추로 간을 하고 농도를 맞춘 후 마무리하여 접시에 담고 그레몰라타를 위에 뿌리고 샤프란 라이스, 대파, 아스파라거스, 느타리버섯을 놓고 처빌로 장식한다.

● Gremolata 만드는 방법

1. 파슬리 다진 것 1스푼, 마늘 다진 것 1/2개, 레몬껍질 간 것 1/2 티스푼을 혼합한다.

Beef Stew with Spätzle

비프스튜와 슈패츨레

재료

- 쇠고기 방심(beef round)_160g
- 밀가루(flour)_5g
- 양파(onion)_30g
- 마늘(garlic)_10g
- 감자(potato)_30g
- 당근(carrot)_30g
- 셀러리(celery)_30g
- 버터(butter)_10g
- 데미글라스 소스
  (demiglace sauce)_100ml
- 화이트와인(white wine)_20ml
- 비프스톡(beef stock)_100ml
- 월계수 잎(bay leaf)_1ea
- 슈패츨레(spätzle)_80g
- 아몬드(almond slice)_5g
- 소금 · 후추(salt & pepper)_pinch

만드는 방법

1. 우둔을 2cm 사각형으로 자른 다음 소금과 후추로 간을 하고 밀가루를 뿌려 놓는다.
2. 양파와 마늘을 곱게 다진다.
3. 감자, 당근, 셀러리를 1.5cm 사각형으로 잘라 모서리를 깎아낸다.
4. 오일 두른 뜨거운 프라이팬에 1과 3을 갈색이 나도록 굽는다.
5. 소스 팬에 버터를 두르고 양파와 마늘을 볶다 데미글라스 소스, 화이트와인, 비프스톡, 월계수 잎을 넣고 소스를 만든 다음 4를 넣고 약한 불로 서서히 익힌다.
6. 고기가 충분히 익었으면 소금, 후추로 간을 하고 농도를 맞추어서 접시에 담고 슈패츨레를 버터에 볶아서 가장자리에 두르고 구운 아몬드를 뿌려낸다.

재료

- 달걀(egg)_1ea
- 밀가루(flour)_60g
- 식용유(salad oil)_1tbsp
- 물(water)_20ml
- 육두구(nutmeg)_pinch
- 소금 · 후추(salt & pepper)_pinch

만드는 방법

1. 스테인리스 볼에 모든 재료를 넣고 반죽을 한다(약간 묽게).
2. 끓는 물에 소금과 식용유를 조금 첨가한다.
3. 구멍 뚫린 용기에 1번을 넣고 끓는 물에 직접 눌러서 익힌다(올챙이묵 만드는 방법과 같다).

Roast Rack of Lamb with Herb

향초를 곁들인 양갈비구이

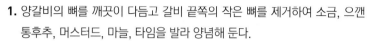

재료

- 양갈비(rack of lamb)_240g
- 버터(butter)_10g
- 마늘(garlic whole)_1ea
- 타임(fresh thyme)_5g
- 파슬리(parsley)_5g
- 레몬껍질(lemon peel)_3g
- 비트(beet root)_20g
- 당근(carrot)_20g
- 참마(mountain yam)_30g
- 머스터드 소스(mustard sauce)_20ml
- 양고기 소스(lamb jus)_20ml
- 소금 · 후추(salt & pepper)_pinch

만드는 방법

1. 양갈비의 뼈를 깨끗이 다듬고 갈비 끝쪽의 작은 뼈를 제거하여 소금, 으깬 통후추, 머스터드, 마늘, 타임을 발라 양념해 둔다.
2. 마늘을 잘게 채 썰어 식용유에 튀기고, 프레시 타임도 식용유에 튀겨 놓는다.
3. 파슬리와 레몬껍질을 잘게 다져서 섞어 놓는다.
4. 통마늘을 절반으로 잘라 프라이팬에 굽는다.
5. 당근, 참마, 비트를 삶아 채 썰어 버터에 볶아둔다.
6. 식용유를 두른 프라이팬에 1을 넣고 갈색이 나도록 굽는다.
7. 6에 3를 뿌리고 오븐에 넣어 완전히 익힌다.
8. 접시에 담고 4, 5번을 곁들인다.
9. 2를 위에 뿌리고 머스터드 소스와 양고기 소스로 마무리한다.

lamb jus

재료

- 양고기 뼈(lamb bone)_200g
- 미르포아(mirepoix)_180g
- 토마토 페이스트(tomato paste)_80g
- 레드와인(red wine)_30ml
- 비프스톡(beef stock)_500ml
- 샐러드 오일(salad oil)_20ml
- 마늘(garlic)_10g
- 월계수 잎(bay leaf)_1ea
- 타임(thyme)_pinch
- 로즈메리(rosemary)_pinch
- 소금 · 후추(salt & pepper)_pinch

만드는 방법

1. 양고기뼈를 잘게 자른다.
2. 팬에 식용유를 두르고 1과 채소 미르포아, 마늘을 넣고 갈색이 나도록 볶은 다음 토마토 페이스트를 첨가한다.
3. 2에 레드와인과 향초를 넣은 다음 비프스톡을 넣고 약한 불에서 약 1시간 정도 끓인다.
4. 소금, 후추로 간을 하고 고운체에 걸러서 사용한다.

Tip & Tip

1. 양갈비를 통째로 서빙할 때는 고객의 테이블 곁에서 5쪽(뼈 1쪽씩)으로 잘라서 제공한다.
2. 양고기 소스의 농도가 약할 때는 갈색의 루(roux)를 조금 사용해도 된다.
3. 베이크드 포테이토를 곁들이면 좋다.
4. 특별한 경우를 제외하곤 양갈비는 미디엄웰로 굽는다.

Lamb Chop
with Rosemary Jus

구운 양갈비와 로즈메리 소스

재료

- 양갈비(lamb chopped)_70g×3pc
- 더피노아즈포테토
  (dauphinoise potato)_30g
- 당근(carrot)_30g
- 치즈스터프드 피망(cheese stuffed
  pimento)_20g
- 느타리(agaric mushroom)_20g
- 바질튀김(fried fresh basil)_5g
- 마늘튀김(fried garlic)_5g
- 바질(fresh basil)_1sprig
- 머스터드(mustard)_5g
- 마늘(garlic)_10g
- 타임(fresh thyme)_2g
- 로즈메리 소스(rosemary sauce)_30ml
- 와사비 소스(green mustard
  sauce)_20ml
- 소금 · 후추(salt & pepper)_pinch

만드는 방법

1. 양갈비의 뼈를 깨끗이 다듬어서 머스터드와 타임, 소금, 후추로 간을 한다.
2. 마늘과 바질을 채 썰어 식용유에 튀겨낸다.
3. 감자 껍질을 제거하고 원형으로 잘라서 작은 내열용기에 버터를 바르고 가지런히 놓은 후 우유를 채우고 위에 치즈를 뿌려서 오븐에서 갈색이 나도록 굽는다.
4. 당근과 느타리버섯은 삶아서 버터에 볶아 놓는다.
5. 소스 팬에 양고기 소스, 레드와인, 로즈메리(마른 것)를 넣고 끓인 다음 체에 거른다.
6. 뜨거운 프라이팬에 1을 굽는다.
7. 접시에 감자, 채소, 구운 양갈비를 놓고 2와 바질 잎으로 장식하고 로즈메리 소스와 와사비 소스로 마무리한다.

green mustard sauce

재료

- 생크림(fresh cream)_200ml
- 양파(onion)_30g
- 화이트와인(white wine)_30ml
- 버터(butter)_10g
- 와사비(파우더)(green mustard)_1tsp
- 레몬주스(lemon juice)_2~3dash
- 소금 · 후추(salt & pepper)_pinch

만드는 방법

1. 화이트와인에 와사비가루를 풀어둔다.
2. 소스 팬에 버터를 두르고 양파를 볶다 투명해지면 생크림을 넣고 2/3로 조린다.
3. 2를 믹서로 곱게 갈아 체로 거른 다음 1을 첨가하여 끓인 후 소금과 후추, 레몬주스로 간을 한다.

Tip & Tip

1. 양고기요리에는 민트 소스가 잘 어울리므로 함께 서빙하면 좋다.

Beef Tenderloin and Lobster Thermidor

안심스테이크와 바닷가재 치즈크림 소스

재료

- 안심스테이크(beef tenderloin)_90g
- 바닷가재 치즈크림 소스(lobster cheese cream sauce)_1/2pc
- 아스파라거스(asparagus)_40g
- 당근(carrot)_30g
- 애호박(pumpkin young)_30g
- 새송이버섯(mushroom)_30g
- 도핀 포테이토(douphine potato)_30g
- 쌀밥(steamed rice)_30g
- 프레시 허브(fresh rosemary, mint)_1sprig
- 레드와인 소스(red wine sauce)_30ml
- 고구마튀김(fried sweet potato)_1ea
- 소금 · 후추(salt & pepper)_pinch

만드는 방법

1. 아스파라거스, 당근, 가지, 애호박, 새송이버섯을 준비한다.
2. 1번과 도핀 포테이토, 쌀밥을 접시에 담는다.
3. 안심스테이크에는 레드와인 소스를 곁들인다.
4. 바닷가재 치즈크림 소스를 놓는다.
5. 프레시 허브와 고구마튀김으로 장식한다.

lobster thermidor

재료

- 바닷가재(lobster)_1/2pc
- 양파(onion)_20g
- 양송이버섯(mushroom)_30g
- 버터(butter)_20g
- 베샤멜 소스(bechamel sauce)_50ml
- 생크림(fresh cream)_30ml
- 머스터드(mustard)_5g
- 브랜디(brandy)_5ml
- 화이트와인(white wine)_30ml
- 에멘탈치즈(emmental cheese)_30g
- 홀랜다이즈 소스 (Hollandaise sauce)_30ml
- 레몬주스(lemon juice)_5ml
- 소금 · 후추(salt & pepper)_pinch

만드는 방법

1. 바닷가재를 세로로 절반을 자른 다음 내장을 제거하고 살을 껍질과 분리한다.
2. 분리된 살은 6~7등분으로 자르고 껍질은 끓는 물에 살짝 익혀 놓는다.
3. 양파는 곱게 다지고 양송이는 4~6등분의 웨지로 자른다.
4. 소스 팬에 버터를 두르고 양파와 버섯을 볶다 2를 넣고 센 불에서 살짝 볶은 다음 브랜디로 화염을 하고 화이트와인을 첨가한 후 내용물만 다른 그릇으로 옮겨 놓는다.
5. 4의 소스 팬에 베샤멜 소스, 생크림, 머스터드, 에멘탈치즈와 소금, 후추로 간을 하여 소스를 만든다.
6. 5에 4에서 건져낸 내용물을 넣고 농도를 맞춘 다음 껍질에 채우고 홀랜다이즈 소스와 파마산치즈를 뿌린 뒤 샐러맨더에서 굽는다.

Stuffed Pork Tenderloin with Plum and Apricot, Herb Cream Sauce

건살구와 자두로 속을 채운 돼지안심구이와 허브크림 소스

재료

- 돼지안심(pork tenderloin)_160g
- 건살구(dried apricot)_30g
- 건자두(dried plum)_30g
- 아스파라거스(asparagus)_30g
- 홍피망(red pimento)_30g
- 당근(carrot)_30g
- 애호박(pumpkin young)_30g
- 새송이버섯(mushroom)_30g
- 듀셰스 포테이토(duchesse potato)_50g
- 말린 감(dried persimmon)_10g
- 연근튀김(fried lotus root)_1pc
- 허브크림 소스(herb cream sauce)_40ml
- 애플민트(fresh apple mint)_1sprig
- 레드와인 소스(red wine sauce)_10ml
- 소금 · 후추(salt & pepper)_pinch

만드는 방법

1. 돼지안심의 지방을 제거하고 절반을 세로로 갈라서 비닐로 아래 위를 감싸 가볍게 두드려 늘려서 소금, 후추로 간을 한다.
2. 비닐을 깔고 건살구를 넓게 펴서 그 위에 건자두를 놓고 감싸서 말아둔다.
3. 1의 중앙에 2를 놓고 감싸서 알루미늄호일로 단단히 감싼다.
4. 당근과 애호박을 올리베또로, 아스파라거스를 삶아서 버터로 볶는다.
5. 새송이버섯과 홍피망을 소금과 오일을 발라 석쇠로 굽는다.
6. 단감과 연근을 얇게 썰어서 오븐에서 말린다.
7. 듀셰스 포테이토를 만들어서 달걀을 발라 오븐에서 굽는다.
8. 오일을 두른 뜨거운 프라이팬에 3을 놓고 굴리면서 구운 후 오븐에 넣어 완성한다.
9. 접시에 채소와 감자 그리고 8을 썰어서 놓고 허브크림 소스와 데미글라스 소스를 곁들이고 단감, 연근, 애플민트 잎으로 장식을 한다.

herb cream sauce

재료

- 양파(onion)_20g
- 버터(butter)_10g
- 화이트와인(white wine)_20ml
- 생크림(fresh cream)_50ml
- 향초(basil, thyme, sage, parsley)_각 2g
- 소금 · 후추(salt & pepper)_pinch

만드는 방법

1. 소스 팬에 버터를 두르고 양파를 볶다 화이트와인과 생크림을 넣는다.
2. 향초를 첨가하여 믹서로 곱게 갈아서 고운체에 거른 다음 농도를 맞추고 소금, 후추로 간을 한다.

Saltim Bocca

살팀보카

재료

- 송아지안심(veal tenderloin)_120g
- 파르마햄(parma ham)_40g
- 세이지(fresh sage)_20g
- 밀가루(flour)_5g
- 버터(butter)_30g
- 화이트와인(white wine)_30ml
- 아스파라거스(asparagus)_20g
- 당근(carrot)_20g
- 엔다이브(endive)_20g
- 애호박(pumpkin young)_20g
- 방울토마토(cherry tomato)_1ea
- 샤프란 리조토(saffron risotto)_60g
- 고구마튀김(fried sweet potato)_1pc
- 로즈메리(fresh rosemary)_1sprig
- 파슬리(parsley)_2g
- 소금 · 후추(salt & pepper)_pinch

만드는 방법

1. 송아지안심을 40g씩 3개를 잘라 얇게 두드려서 편다.
2. 파르마햄을 얇게 썰어 놓는다.
3. 1에 세이지 잎을 놓고 2를 덮어서 밀가루를 뿌린다.
4. 애호박, 당근, 아스파라거스를 삶아서 버터에 볶아 놓는다.
5. 엔다이브를 세로로 4등분하여 버터에 구운 후 화이트와인을 첨가하여 오븐에서 익힌다.
6. 소스 팬에 버터와 올리브오일을 두르고 쌀을 볶다가 치킨스톡과 샤프란스톡을 넣고 익힌 다음 버터와 파마산치즈를 섞어서 샤프란 리조토를 만든다.
7. 방울토마토를 절반으로 잘라서 버터에 구워 놓는다.
8. 고구마를 얇게 썰어서 기름에 튀겨 놓는다.
9. 깨끗한 프라이팬에 버터를 두르고 3을 넣고 앞뒤로 익힌 다음 화이트와인을 첨가한다.
10. 9의 고기를 접시에 담고 남은 소스에 치킨스톡을 조금 첨가한 후 버터로 몬테(monte)하고 파슬리를 넣어서 고기 위에 뿌린다.
11. 샤프란 리조토와 채소를 곁들이고 고구마와 로즈메리 잎으로 장식한다.

Tip & Tip

1. 본 요리는 파르마햄이 짜기 때문에 소금을 하지 않는다.
2. 드라이 세이지를 사용해도 된다. 이때는 세이지의 양을 줄인다.

Beef Stroganoff

비프 스트로가노프

재료

- 쇠고기 안심(beef tenderloin)_140g
- 양파(onion)_20g
- 양송이버섯(mushroom)_30g
- 딜피클(dill pickle)_20g
- 레드와인(red wine)_30ml
- 데미글라스 소스(demiglace sauce)_100ml
- 당근(carrot)_40g
- 애호박(pumpkin young)_20g
- 치즈스터프드 피망(cheese stuffed pimento)_20g
- 느타리버섯(agaric mushroom)_20g
- 필라프 라이스(pilaf rice)_80g
- 파프리카 파우더(paprika powder)_소량
- 소금 · 후추(salt & pepper)_pinch
- 사워크림(sour cream)_소량

만드는 방법

1. 쇠고기 안심을 새끼손가락 크기로 잘라서 소금, 후추, 파프리카로 간을 하고 밀가루를 뿌려놓는다.
2. 양파는 다지고 양송이는 슬라이스하고 딜피클은 채로 썬다.
3. 당근과 애호박을 올리베또로 깎아서 삶은 후 버터에 볶아놓는다.
4. 피망에 허브크림 치즈를 채우고, 느타리버섯은 삶아서 버터에 볶아 놓는다.
5. 당근은 길이로 잘라서 소금 첨가한 물에 삶아 놓는다.
6. 깨끗한 프라이팬에 버터를 두르고 양파와 양송이버섯을 볶다 1을 넣고 살짝 볶은 다음 프라이팬에서 다른 그릇으로 옮긴다.
7. 6의 프라이팬에 당근, 딜피클, 레드와인, 데미글라스 소스를 넣고 소스를 만든다.
8. 7에 6의 볶아놓은 고기를 넣고 약간의 사워크림을 첨가하여 간을 하여 마무리한다.
9. 접시에 담고 딜피클을 올리고 사워크림으로 장식한다.
10. 채소를 곁들이고 필라프 라이스를 별도로 제공한다.

Gratinated Beef Tenderloin with Asparagus and Choron Sauce

아스파라거스와 쇼롱 소스로 그라탱한 안심 스테이크

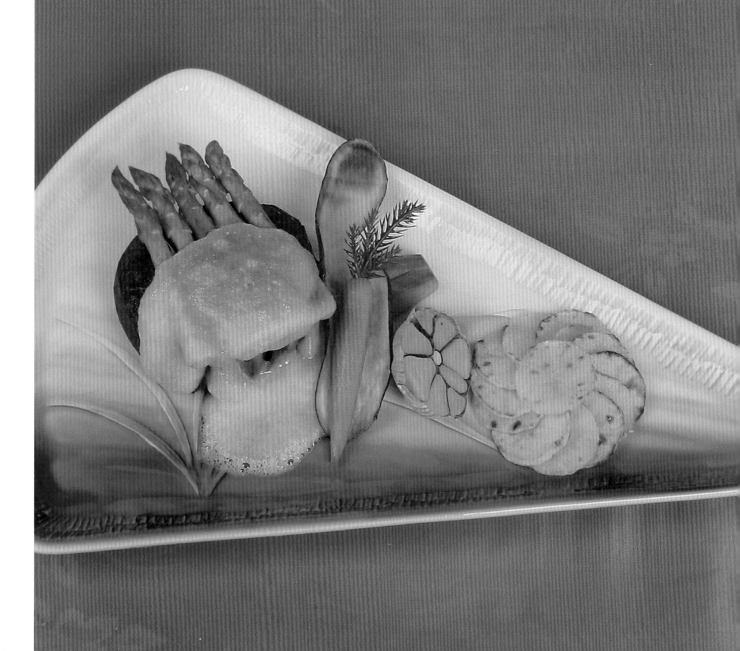

재료

- 쇠고기 안심(beef tenderloin)_160g
- 아스파라거스(asparagus)_40g
- 레드와인 소스(red wine sauce)_30ml
- 쇼롱 소스(choron sauce)_50ml
- 당근(carrot)_30g
- 애호박(zucchini)_30g
- 고구마튀김(fried sweet potato)_10g
- 안나포테이토(anna potato)_60g
- 통마늘(garlic whole)_1/2ea

만드는 방법

1. 안심을 소금과 후추로 간하여 뜨거운 프라이팬에 굽는다.

2. 아스파라거스의 밑에서 2/3부분의 껍질을 벗겨서 살짝 삶아 놓는다.

3. 꼬마 당근과 애호박을 모양내서 삶아 놓는다.

4. 안나포테이토를 준비하여 오븐에서 익힌다.

5. 접시에 안심 구운 것을 놓고 그 위에 레드와인을 뿌린 다음 아스파라거스와 쇼롱 소스를 얹어서 샐러맨더에서 그라탱을 한다.

6. 준비된 2, 3, 4의 채소와 감자를 장식한다.

7. 고구마튀김으로 마무리 장식을 한다.

● Choron sauce 만드는 방법

1. Hollandaise sauce에 chervil 다진 것과 tomato concasse를 첨가하여 만든다.

Sauteed Chicken Breast
닭가슴살볶음

재료

- 닭가슴살(chicken breast)_120g
- 토마토 소스(tomato sauce)_100ml
- 양송이버섯(mushroom)_1ea
- 새송이버섯(mushroom)_1ea
- 표고버섯(shiitake)_1ea
- 느타리버섯(agaric mushroom)_20g
- 방울토마토(cherry tomato)_2ea
- 베이비채소(baby vegetable)_10g
- 빨간 파프리카(red pimento)_20g
- 가지(eggplant)_20g
- 호박(pumpkin)_20g
- 올리브오일(olive oil)_50ml
- 바질페스토(basil pesto)_10ml
- 발사믹 소스(balsamic sauce)_10ml
- 소금(salt)_5g
- 후추(pepper)_2g

만드는 방법

1. 닭가슴살을 큐브로 자른 후 소금, 후추로 간을 한다.

2. 버섯과 채소는 큐브 모양으로 썬다.

3. 방울토마토는 끓는 물에 살짝 데쳐 얼음물에 식힌 다음 껍질을 제거한다.

4. 파프리카는 석쇠에 올려 껍질을 태워서 깨끗하게 제거한다.

5. 프라이팬에 닭가슴살을 볶다가 호박을 넣고 볶는다.

6. 토마토 소스를 넣고 살짝 조린 후 2의 나머지 채소를 넣고 마무리한다.

7. 접시에 닭가슴살을 올리고 베이비채소, 바질페스토와 발사믹 소스를 뿌려 마무리한다.

Stuffed Chicken Breast with Mushroom

버섯으로 속을 채운 닭가슴살튀김

 재료

- 닭가슴살(chicken breast)_120g
- 양송이버섯(mushroom)_50g
- 리코타치즈(ricotta cheese)_30g
- 시금치(spinach)_50g
- 베이비채소(baby vegetable)_100g
- 데미글라스(demiglass sauce)_30ml
- 버터(butter)_10g
- 달걀(egg)_1개
- 밀가루(flour)_10g
- 빵가루(bread crumb)_10g
- 올리브오일(olive oil)_50ml
- 오일비니거(oil vinegar)_10ml
- 후추(pepper)_2g
- 소금(salt)_5g

만드는 방법

1. 닭가슴살을 얇게 펴서 소금, 후추로 양념한다.

2. 양송이버섯을 슬라이스하여 볶아 식힌 후 리코타치즈와 혼합한다.

3. 시금치의 뿌리를 제거하고 끓는 물에 살짝 데쳐서 버터에 살짝 볶는다.

4. 1의 닭가슴살에 2를 넣고 둥그렇게 말아 밀가루, 달걀, 빵가루 순으로 묻혀서 끓는 기름에 튀겨 놓는다.

5. 접시에 3의 시금치를 놓고 튀긴 닭가슴살을 3등분하여 놓는다.

6. 베이비채소는 오일비니거에 묻혀 데미글라스와 함께 마무리한다.

Braised Leg of Duckling
오리다리살찜

재료

- 오리다리살(leg of duckling)_1ea
- 감자(potato)_1ea
- 푸실리 파스타(fusilli pasta)_50g
- 마늘(garlic)_30g
- 올리브오일(olive oil)_30ml
- 닭육수(chicken stock)_1L
- 데미글라스(demiplace sauce)_30ml
- 비가라드 소스(bigarade sauce)_50ml
- 버터(butter)_30g
- 타임(thyme)_1g
- 로즈메리(rosemary)_1g
- 후추(pepper)_5g
- 소금(salt)_2g

만드는 방법

1. 오리다리살을 소금, 후추, 올리브오일, 로즈메리에 마리네이드한다.

2. 푸실리 파스타를 삶아 올리브오일에 소금, 후추로 간을 하여 볶는다.

3. 감자를 한입 크기로 잘라 살짝 삶은 후 버터에 갈색이 나도록 굽는다.

4. 오리다리살을 프라이팬에 갈색이 나도록 굽는다.

5. 닭육수, 데미글라스, 비가라드 소스를 혼합하여 4의 오리다리살을 넣고 약한 불에서 30분간 익힌다.

6. 접시 중앙에 2와 오리다리살을 놓고 5의 소스를 뿌려준다.

7. 타임과 로즈메리를 다져서 올리브오일과 함께 뿌려준다.

Main Dish

pate a choux

- 버터(butter)_100g
- 강력 밀가루(hard flour)_150g
- 달걀(egg)_4ea
- 물(water)_250ml
- 소금(salt)_5g

1. 냄비에 버터, 물, 소금을 넣고 끓인다.

2. 밀가루를 첨가하여 밀가루가 완전히 호화되도록 나무주걱으로 저어주면서 익힌다.

3. 냄비를 불에서 내려 달걀을 첨가하면서 완전히 혼합되도록 한다.

douphine potato

- 매시드 포테이토(mashed potato)_100g
- 파트 아 슈(pâte à choux)_100g
- 육두구(nutmeg) 소량

1. 파트 아 슈와 매시드 포테이토를 약 1 : 2의 비율로 섞는다.

2. 1을 스푼 두 개를 이용하여 퀸넬 모양으로 만들어 185℃의 식용유에 튀긴다.

mushroom duxelles

- 양송이(mushroom)_40g
- 양파(onion)_30g
- 거위간(foie gras)_20g
- 파슬리(parsley)_2g

- 화이트와인(white wine)_20ml
- 버터(butter)_20g
- 소금 · 후추(salt & pepper)_pinch

1. 양파 껍질을 제거하고 곱게 다진다.
2. 양송이를 깨끗하게 씻어서 물기를 제거하고 곱게 다진다.
3. 거위간을 작은 주사위 모양으로 자른다.
4. 소스 팬에 버터를 두르고 양파를 볶은 후 양송이에 소금, 후추를 넣고 볶는다.
5. 4에 화이트와인을 넣고 수분을 증발시킨 후 식혀서 거위간과 파슬리 다진 것을 넣는다. 이때 수분이 많으면 약간의 빵가루를 첨가한다.

Strawberry Bavaroise

딸기 바바루아즈

재료

- 딸기퓌레(strawberry puree)_250g
- 슈가파우더(sugar powder)_75g
- 휘핑크림(whipping cream)_210ml
- 딸기시럽(strawberry syrup)_10ml
- 화이트와인(white wine)_20ml
- 젤라틴(gelatine)_12sheet
- 레몬주스(lemon juice)_1/2tsp

만드는 방법

1. 딸기퓌레에 슈가파우더와 레몬주스를 섞는다.

2. 휘핑크림을 거품기로 70% 정도 거품을 낸 후 딸기시럽을 섞어서 1에 넣는다.

3. 냉수에 불린 젤라틴을 중탕으로 녹여서 2에 넣는다.

4. 화이트와인을 3에 넣는다.

5. 무스띠를 원형으로 만들고 안쪽으로 딸기를 얇게 썰어 3군데 붙인 다음 4를 가운데 채우고 냉동고에 1시간 이상 냉동시켜서 사용한다.

 Tip & Tip

1. 젤라틴 5배의 찬물(혹은 얼음물)에 30분 불린 후 사용한다. 젤라틴 1장은 약 2g이다.

2. 물을 계량하지 않고 불릴 경우에는 불린 후 건져서 손으로 꽉 짜서 물기를 제거하여 깨끗한 용기에 담고 중탕으로 녹여서 사용한다.

3. 오렌지 소스는 오렌지주스 양의 20% 정도의 설탕을 첨가하여 불에 올려 끓기 시작하면 소량의 주스에 전분을 풀어 넣어서 농도를 맞추고 약간의 그랑마니에酒를 넣고 식혀서 사용한다.

Orange Bavaroise

오렌지 바바루아즈

재료

- 휘핑크림(whipping cream)_200ml
- 오렌지주스(orange juice)_100ml
- 설탕(sugar)_50g
- 난황(egg yolk)_2ea
- 오렌지클래식(orange classic)_10ml
- 그랑마니에酒(grand marnier)_10ml
- 젤라틴(gelatine)_10sheet

만드는 방법

1. 믹싱볼에 설탕과 난황을 넣고 거품기를 이용하여 중탕으로 크림화시킨다.

2. 휘핑크림을 거품기로 70% 정도 거품을 낸 후 1에 섞는다.

3. 2에 오렌지주스를 넣는다.

4. 냉수에 불린 젤라틴의 물기를 제거하고 중탕으로 녹인 후 3에 넣는다.

5. 오렌지클래식과 4에 그랑마니에酒를 넣는다.

6. 5를 몰드에 채운 후 냉동실에서 1시간 이상 굳힌 다음 윗면에 코코아파우더를 채로 살짝 친 후 오렌지클래식을 얇게 바르고 직사각형으로 재단한다. 딸기는 초콜릿을 묻힌 다음 슈가파우더를 뿌려 접시에 놓는다.

● 오렌지클래식이란?

오렌지주스에 당을 첨가하여 농축한 제과용 재료로써 향이 매우 강하다.

Maraschino Cherry Parfait

마라스키노체리 파르페

재료

- 난황(egg yolk)_4ea
- 설탕(sugar)_150g
- 휘핑크림(whipping cream)_180g
- 럼酒(rum)_약간
- 체리브랜디(cherry brandy)_25ml
- 마라스키노체리(maraschino cherry)_50g
- 바닐라소스(vanilla sauce)_50ml
- 물(water)_110ml

만드는 방법

1. 믹싱볼에 난황과 설탕을 넣고 중탕으로 거품기를 이용하여 크림화시킨다.

2. 휘핑크림을 70% 정도로 거품을 낸 후 1에 섞어준다.

3. 마라스키노체리를 적당히 다져서 2에 넣고 체리브랜디를 첨가한다.

4. 파르페 몰드에 담고 상단에 스펀지케이크 얇게 썬 것을 놓고 뚜껑을 덮어 냉동시킨다.

Tip & Tip

1. 파르페는 응고제가 첨가되지 않은 냉디저트이므로 아이스크림과 같이 얼린 상태에서 제공되어야 한다.
2. 럼 바닐라 소스는 바닐라크림에 우유를 첨가하여 농도를 맞춘 후 약간의 럼酒를 넣어서 만든다.
3. 파르페를 접시에 담을 때에는 만드는 방법 4의 스펀지케이크가 접시에 닿도록 놓는다.

Crepe Suzette

크레이프 수제트

crepe

재료

- 밀가루(flour)_90g
- 설탕(sugar)_50g
- 달걀(egg)_2ea
- 우유(milk)_250ml
- 버터(butter)_20g
- 소금(salt)_pinch

만드는 방법

1. 믹싱볼에 설탕, 달걀, 소금을 넣고 거품기를 이용하여 섞는다.
2. 밀가루를 고운체에 쳐서 1에 넣어 섞는다.
3. 우유를 80℃로 데워서 2에 섞는다.
4. 버터를 완전히 용해하여(90℃) 3에 넣고 바닐라 에센스를 넣는다.
5. 테플론 팬을 이용하여 4로 얇은 팬케이크를 만든다.

suzette sauce

재료

- 버터(butter)_10g
- 오렌지주스(orange juice)_40ml
- 바닐라 에센스(vanilla essence)_소량
- 오렌지껍질(orange peel)_소량

만드는 방법

1. 프라이팬에 설탕을 넣고 캐러멜을 만든 후 오렌지주스와 얇게 썬 오렌지껍질을 넣는다.
2. 오렌지주스를 1/3로 조린 후 버터와 그랑마니에酒를 섞어준다.
3. 2의 소스에 크레이프를 양면으로 적셔서 절반씩 2회 삼각형으로 접은 후 접시에 담고 그 위에 남은 소스를 뿌려낸다.

** 크레이프는 가능한 얇게 만든다.
** 테이블에서 즉석으로 소스를 만들 때는 동(cooper)으로 만든 프라이팬을 이용하면 좋다.
** 크레이프에는 바닐라크림 등을 넣어서 사용할 수도 있다.
** 아이스크림을 곁들이면 좋다.

Tip & Tip

1. 커스터드크림이나 바닐라크림에 블루베리, 과일 등을 첨가하여 크레이프의 충전물을 만들 수 있다.
2. 크레이프에 충전물을 넣어서 삼각형으로 접는 방법과 항아리처럼 싸서 얇게 썬 오렌지껍질로 묶는 방법 그리고 사진과 같이 원통형으로 모양을 내는 방법이 있다.
3. 소스는 고객에게 제공되기 직전 뜨겁게 하여 크레이프 위에 뿌려주며 레드 커런트로 장식한다.

Lemon Panacota

레몬 파나코타

재료

- 생크림(fresh cream)_400ml
- 설탕(sugar)_40g
- 버터(butter)_15g
- 바닐라빈(vanilla bean)_1/4ea
- 레몬(fresh lemon)_1/2ea
- 쿠앵트로(cointreau 오렌지酒)_10ml
- 레몬제스트(lemon zest)_소량

만드는 방법

1. 생크림에 설탕과 바닐라빈을 넣고 약한 불에서 끓인다.

2. 냉수에 젤라틴을 불려서 1에 넣는다.

3. 2에 버터, 레몬제스트, 레몬주스를 넣어 식힌 다음 오렌지酒를 넣는다.

4. 몰드에 채운 다음 냉동고에서 굳힌다.

Tip & Tip

1. 피라미드형 몰드 또는 틀에서 제거할 때는 깨끗한 행주를 뜨거운 물에 적셔서 몰드의 주변을 잠시 감쌌다가 분리하면 몰드에서 쉽게 분리할 수 있다.
2. 키위 소스는 오렌지 소스 제조방법과 동일하며 초콜릿 시럽과 오렌지로 마무리한다.

Tiramisu Cake

티라미수 케이크

재료

- 난황(egg yolk)_3ea
- 설탕(sugar)_50g
- 크림치즈(cream cheese)_150g
- 젤라틴(gelatine)_2sheet
- 커피파우더(coffee powder)_30g
- 그랑마니에酒(grand marnier)_조금
- 나폴레옹(napoleon)_조금

만드는 방법

1. 난황과 설탕을 중탕으로 거품기를 이용하여 크림화시킨다.

2. 크림치즈를 부드럽게 용해하여 1번에 섞는다.

3. 젤라틴을 냉수에 불린 후 중탕으로 녹여서 2번에 혼합한다.

4. 3번에 그랑마니에酒와 나폴레옹을 넣어준다.

5. 스펀지케이크를 5mm 두께의 원형으로 자른 후 케이크시럽에 커피를 진하게 타서 스펀지에 충분히 바른 후 몰드의 바닥에 깔아준다.

6. 원형몰드에 4와 5를 채운 후 냉동에서 굳힌다.

7. 완전히 굳으면 윗면에 물방울 모양의 망을 얹고 코코아파우더를 채로 친 후 다이아몬드 모양으로 재단한 다음 과일 장식으로 마무리한다.

vanilla sauce

재료

- 우유(milk)_120ml
- 설탕(sugar)_30g
- 난황(egg yolk)_1.5ea
- 생크림(fresh cream)_20ml
- 바닐라향(vanilla essence)_소량

만드는 방법

1. 믹싱볼에 우유, 설탕, 난황을 넣고 중탕(80℃)으로 거품기를 이용하여 크림화시킨다.

2. 생크림을 거품내어 1에 섞는다.

3. 바닐라향을 첨가하여 마무리한다.

Dark Cherry Cake
검은 체리 케이크

재료

- 달걀(egg)_2ea
- 설탕(sugar)_225g
- 밀가루(중력)(flour)_140g
- 코코아파우더(cocoa powder)_50ml
- 샐러드유(salad oil)_50ml
- 호두(구운 것)(walnut)_60g
- 검은 체리(black cherry)_60g

만드는 방법

1. 믹싱볼에 달걀과 설탕을 넣고 거품기를 이용하여 크림화시킨다.

2. 밀가루를 체에 쳐서 1에 넣고 샐러드유와 코코아도 섞어준다.

3. 2에 식용유와 호두를 넣어준다.

4. 검은 체리를 거칠게 잘라서 섞는다.

5. 브리오슈 빵 몰드에 4를 70% 정도 패닝한 후 상·하 200℃ 오븐에서 약 20분간 굽는다.

Apple Strudel

애플 스트루들

스트루들 반죽(strudel dough)

 재료

- 박력분(flour)_270g
- 강력분(flour hard)_30g
- 샐러드유(salad oil)_50g
- 물(미지근한)(water)_140ml
- 소금(salt)_조금

만드는 방법

모든 재료를 섞어 반죽하여 표면이 마르지 않도록 비닐로 덮어서 30분간 휴지시킨다.

충전물(stuffing)

 재료

- 사과(apple)_500g
- 설탕(sugar)_50g
- 건포도(raisin)_50g
- 계핏가루(cinnamon powder)_1/4tsp
- 레몬(fresh lemon)_1/2ea

만드는 방법

1. 사과 껍질과 씨를 제거하고 두께를 3mm로 썬 후 레몬즙과 건포도를 넣고 잘 혼합한다.
2. 계핏가루와 설탕 섞은 것을 1에 넣어서 30분간 휴지시킨다.
3. 깨끗한 넓은 천을 작업대에 깔고 밀가루를 약간 뿌린 후 스트루들 반죽을 손으로 얇게 편다(글씨가 보일 정도로).
4. 녹인 버터를 3에 고르게 발라준다.
5. 3의 얇게 편 반죽 위에 충전물을 올리고 위에 카스텔라 가루를 뿌려 수분을 흡수하게 한 다음 롤로 만든다.
6. 철판에 쇼트닝을 바르고 5를 놓은 후 190℃ 오븐에서 25분간 구워낸다.
7. 껍질을 바삭하게 구운 후 위에 분당을 뿌린다.
8. 알맞은 크기로 자른 다음 접시에 담고 바닐라 소스를 곁들인다.

Hazelnuts Pudding

헤즐넛(개암) 푸딩

재료

- 황설탕(brown sugar)_50g
- 쇼트닝(shortening)_45g
- 달걀(egg)_1ea
- 아몬드분말(almond powder)_75g
- 박력분(flour)_20g
- 건조과일(dried fruits)_40g
- 사과(apple)_1ea
- 버터(butter)_5g
- 맥주(beer)_50ml
- 레몬제스트(lemon zest)_조금
- 육두구(nutmeg)_조금
- 소금(salt)_조금

만드는 방법

1. 믹싱볼에 황설탕, 쇼트닝, 소금을 넣고 거품기로 90% 정도 기포시킨다.

2. 1에 달걀을 섞어준다.

3. 건조과일, 레몬껍질, 육두구가루를 넣어준다.

4. 사과 껍질을 제거하고 5mm 크기로 깍둑썰기한 후 소스 팬에 버터를 넣고 센 불에 맥주를 넣어 익힌 다음 식혀서 3에 넣는다.

5. 3에 체친 아몬드분말과 박력분을 섞는다.

6. 푸딩 컵이나 종이컵에 60% 정도 패닝한 후 상 · 하 190℃ 오븐에서 35분간 굽는다.

 Tip & Tip

1. 헤즐넛분말이 없을 때는 아몬드분말로 대체해도 된다.
2. 종이컵에 구웠을 경우에는 살짝 냉동하여 분리하면 종이컵을 쉽게 분리할 수 있다.

Sweet Pumpkin Mousse

단호박 무스

재료

- 단호박 퓌레
  (sweet pumpkin puree)_100g
- 난황(egg yolk)_10g
- 난백(egg white)_12g
- 설탕(sugar)_ⓐ 3.6g, ⓑ 12g
- 버터(butter)_7g
- 휘핑크림(whipping cream)_4.5g
- 젤라틴(gelatine)_2sheet

만드는 방법

1. 휘핑크림, 설탕ⓐ, 버터를 80℃로 중탕한다.
2. 냉수에 충분히 불린 젤라틴을 1에 넣는다.
3. 2에 난황을 넣어 고루 섞은 후 호박퓌레를 넣는다.
4. 믹싱볼에 난백과 설탕ⓑ로 중탕에서 더운 머랭을 만든 다음 3번과 섞는다.
5. 무스띠로 하트모양을 만든 다음 바닥에 시트를 얇게 깔고 4를 채워 냉동실
   에서 굳힌다.

Chocolate Walnut Mousse

초콜릿 호두 무스

재료

- 다크초콜릿(dark chocolate)_80g
- 난황(egg yolk)_1ea
- 설탕(sugar)_25g
- 휘핑크림(whipping cream)_200ml
- 호두(구운 것)(walnut)_70g
- 젤라틴(gelatine)_4sheet
- 럼酒(rum)_5ml

만드는 방법

1. 믹싱볼에 난황과 설탕을 넣고 중탕으로 거품기를 이용하여 크림화시킨다.
2. 다크초콜릿을 중탕으로 45℃로 녹인다.
3. 휘핑크림을 70% 정도 거품을 낸 후 2를 섞은 다음 1을 섞는다.
4. 냉수에 불린 젤라틴을 중탕으로 녹인 후 3에 섞는다.
5. 럼酒와 호두를 혼합한다.
6. 몰드에 넣어 냉장고에서 굳힌다.

White & Dark Chocolate Mousse

화이트 앤 다크초콜릿 무스

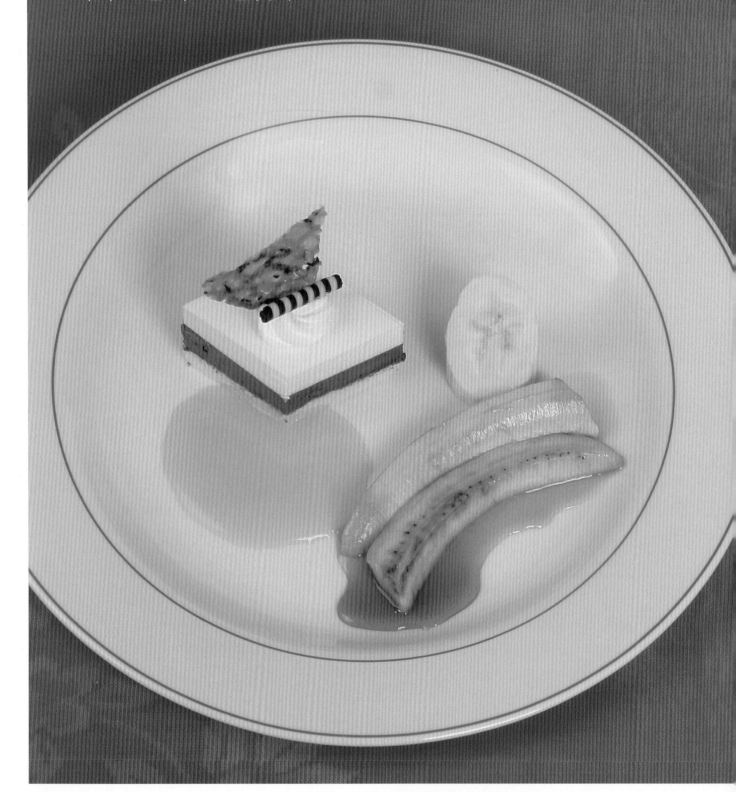

다크초콜릿 무스

재료

- 난황(egg yolk)_1ea
- 설탕(sugar)_25g
- 다크초콜릿(dark chocolate)_80g
- 휘핑크림(whipping cream)_200ml
- 럼酒(rum)_10ml
- 젤라틴(gelatine)_4sheet

만드는 방법

1. 다크초콜릿을 중탕으로 45℃로 녹인다.
2. 믹싱볼에 난황과 설탕을 넣어서 중탕으로 크림화시킨 후 1을 섞는다.
3. 휘핑크림을 70% 정도로 거품을 낸 후 2에 섞어준다.
4. 냉수에 부드럽게 불린 젤라틴을 중탕으로 녹인 후 3에 섞어준다.
5. 럼주를 약간 첨가한다.

화이트초콜릿 무스

재료

- 화이트초콜릿(white chocolate)_100g
- 휘핑크림(whipping cream)_250ml
- 젤라틴(gelatine)_6sheet
- 그랑마니에酒(grand marnier)_10ml

만드는 방법

1. 화이트초콜릿을 중탕으로 45℃로 녹인다.
2. 휘핑크림을 70% 정도로 거품을 낸 후 1에 섞어준다.
3. 냉수에 부드럽게 불린 젤라틴을 중탕으로 녹인 후 2에 섞어준다.
4. 그랑마니에酒를 약간 첨가한다.

 Tip & Tip

1. 다크초콜릿 무스를 틀에 부어 수평으로 잘 펴고 냉동실에서 30분 이상 굳힌 후 화이트초콜릿 무스를 얹어 밀어서 펴야 절단 시 측면의 선이 분명하고 깔끔하다.

참고문헌

김대관, 수프의 종류와 흐름, 문지사, 1997.

김의근, 외식사업창업실무론, 현학사, 2005.

김혜경 외 4인, 문화와 식생활, 효일문화사, 1998.

나영선, 서양조리실무개론, 백산출판사, 2002.

나영선, 이태리요리, 형설출판사, 1999.

박경태, 서양조리실무, 훈민사, 2004.

염진철·안종철, 고급서양조리, 백산출판사, 2004.

오석태, 서양조리학개론, 신광출판사, 1998.

오석태, 수프와 주요리, 지구문화사, 2004.

이소춘 외 19인, 특급호텔 최고의 요리, 시공사, 2001.

임영서, 팔자 바뀌는 음식점 창업, 도서출판정상, 2003.

조용범, 조리과학실무, 지구문화사, 2007.

조용범, 최신서양조리입문, 형설출판사, 2000.

주시범, 알면 너무 쉬운 줄서는 음식점 노하우, 청송, 2002.

진양호, 현대서양요리, 형설출판사, 1991.

최수근, 서양요리, 형설출판사, 1996.

최수근, SAUCE의 이론과 실제, 2002.

■ 저자 소개

조용범(Cho Yong Bum)

현) 동의대학교 외식산업경영학과 교수
현) 한국조리학회 고문

배재대학교 외식경영학과 교수
인하대학교 생활과학대학원 식품공학석사
부경대학교 대학원 식품공학과 졸업(식품공학박사)

활.동.사.항

한국외식경영학회 부회장
한국조리사협회운영위원
국제기능경기대회 심사위원
보건복지부장관 표창
경남도지사상 표창
부산광역시장상 표창
대구하계유니버시아드대회 급식운영위원
독일 베를린 세계요리경연대회 동상
조리기능장 자격 취득

연.구.실.적

『메뉴관리론』『식품위생학』『두부와 버섯요리』
『조리과학실무』외 다수의 저서
"김치분말을 첨가한 조리제품의 품질평가"
"김치를 이용한 스테이크소스의 휘발성 향기성분"
"동결김치분말 첨가 BFS 소시지의 제품개발" 외 다수
의 논문

특.허

김치분말을 첨가한 스테이크소스의 제조방법
김치를 이용한 제빵의 제조방법
김치수프 조성물
저장성이 향상된 김치의 제조방법 외 다수

오영섭(Oh Young Sub)

경주대학교 외식조리학과 교수
조리기능장/식품학박사(외식산업 전공)
호텔현대 총주방장
르네상스서울호텔 조리부장
밀레니엄서울힐튼호텔 조리과장

활.동.사.항

관광호텔관리사 자격
올림픽기장 참여
독일 프랑크푸르트 세계요리올림픽 은상 수상
서울시장 표창
보건복지부장관 표창
울산지방기능대회 집행위원장 표창
조리기능장 심사위원
대구하계유니버시아드대회 급식운영위원
대한관광경영학회 이사, 한국조리학회 수석이사, 한국
외식산업학회 상임이사

연.구.실.적

"인지된 호텔주방환경이 조리사의 직무몰입에 미치는
영향"
"시판용 수프에 대한 소비자 인지도 및 기호도 조사"
"데미글라스소스의 구매 수용 태도"
"경주지역 대학생의 식습관과 외식실태에 대한 남녀의
차이에 관한 연구"
"참마를 농후제로 사용한 홍게 크림수프의 품질 특성"
"쌀가루를 농후제로 사용한 호박크림수프의 품질 특성"
"외식업조리종사자의 참여적 작업시스템이 셀프리더십,
직무만족, 조직몰입에 미치는 영향"

이강춘(Lee Gang Chun)

현) 경남정보대학교 호텔외식조리과 교수

동의대학교 대학원 경영학박사

활.동.사.항

롯데호텔 수석조리장
2002월드컵행사 영남지역 총괄주방장
국제기능올림픽 요리부문 국가대표코치
아시아 약선연구회 부회장
부산경제진흥원 경영자문위원
문화관광부장관상 수상
부산광역시장상 수상
식품의약품안전청장상 수상

연.구.실.적

『이탈리아 조리실무』 외
"웰빙트렌드에 따른 올리브유 농후제의 개발과 소비자
 인식에 관한 연구" 외 다수의 논문

고기철(Ko Ki Chul)

현) 부산과학기술대학교 호텔조리학과 교수

동의대학교 대학원(전공 : 호텔 · 관광 · 외식산업)
경영학박사

활.동.사.항

신라호텔 근무
경주 조선호텔 근무
서울 힐튼호텔 근무
경주 힐튼호텔 근무(조리팀장)
마르코폴로호텔 근무(경영기획 차장)
경주 조선호텔 근무(조리부장)
㈜호텔 농심 근무(조리부장)
㈜부산 코모도호텔 근무(조리부장)
한국 국제요리대회 은메달 입상
서울 국제요리경연대회 은메달 입상
문화체육부장관 표창
한국 관광의 날 부산시장 표창
조리 우수지도자상
공인 컨설턴트 자격취득(Culinary Art)
경북지방기능경기대회 심사위원
경북도지사 표창(조리분과 지도자 표창 3회)

연.구.실.적

"호텔주방 장비속성과 배치관리가 조리사의 직무성과에
 미치는 영향" 외 다수의 논문

고급서양조리

2015년 3월 10일 초판 1쇄 인쇄
2015년 3월 15일 초판 1쇄 발행

지은이 조용범 · 오영섭 · 이강춘 · 고기철
펴낸이 진욱상 · 진성원
펴낸곳 백산출판사
교 정 편집부
본문디자인 강정자
표지디자인 오정은

저자와의
합의하에
인지첩부
생략

등 록 1974년 1월 9일 제1-72호
주 소 서울시 성북구 정릉로 157(백산빌딩 4층)
전 화 02-914-1621/02-917-6240
팩 스 02-912-4438
이메일 editbsp@naver.com
홈페이지 www.ibaeksan.kr

ISBN 979-11-5763-059-2
값 35,000원